圖解：一看就會

居家照護

全方位手冊

（附真人示範影片 QR Code）

監修
米山淑子
NPO 法人活力照護會理事長

中文版審閱暨導讀
林金立
長泰老學堂健康照顧體系執行長

增訂版導讀
林佩欣
臺灣長期照顧物理治療學會理事長

前言

「就要開始照顧長輩了」、「差不多該為老人家的看護做打算了」，對於有這類需求的人來說，最大的煩惱莫過於要做的事太多，千頭萬緒，該從何著手呢？而一旦真的在家中自己照顧家人，就能體會這是個工作內容多如牛毛的差事，從早上一睜開眼到晚上就寢為止，幾乎一刻不得閒。新手上路，萬事起頭難，會猶豫不前、惶惶不安，也是在所難免。

做自己能力可及的事就好

然而，諸位大可不必要求自己為照顧家人而做到鞠躬盡瘁；同樣的，也沒有人規定你必定要凡事親力親為。首先，就從「做自己能力可及的事」開始吧！而反正終歸都要做，那就要開心的、有效率的放手去做囉。出版本書的初衷，正是想要讓更多人都能勝任看護的要務，做到讓受照顧的老人家也能歡喜自在。

以簡單圖面拆解照護的順序和重點

照護是有要領的。換言之，無論是協助還是照護老人家，都有順序和重點。本書特別用簡單的圖面，拆解說明這些順序和重點，好讓讀者對日常的照護都能立即上手。不但如此，本書有別於一般單純的動作說明，又加入了人體力學的要領，以便照護者及老人家都可以輕鬆掌握和實行。

清楚標示 188 處必須「出聲提示的步驟」

還有，照護者一心埋首在眼前的照護工作、專注在手上的事，往往忽略了對長輩「出聲提示」，而這卻是維持雙方信賴關係、讓照護工作開心又圓滿所不可欠缺。照護過程中的所有步驟，幾乎都需要先出聲招呼、提示。本書不厭其煩的一一例舉，讀者們只要按圖索驥，照著說話，就不會自己一個人演默劇，而讓長輩無所適從了。

而關於新手最常遭遇和可能發生的問題，本書也在每一章後面的「小叮嚀」單元特別加以提醒，並說明解決方法。對於本書的使用，讀者如果從頭開始讀起，那當然最好不過，而若是已經有照護經驗的人，直接翻閱自己最想要知道的章節，一樣適用。

日本正不斷邁向人口高齡化，不免讓人擔憂公家的照護服務是否能夠滿足越來越多的高齡人口。雖然照護的需求有輕重之分，不過都是高齡化社會所必要，可以預料不久的將來，居家照護的需求將越來越殷切，也會更加受到重視，祈願本書能有助於照護者與被照護者，開心過好每一天。

NPO 法人活力照護會 理事長　米山淑子

閱讀之前

家人的照護，怎麼做才好？

由此開始（編按：建議讀者優先閱讀本文）

目前與雙親或配偶同住 → Yes → 自家有足夠的照護空間 → Yes → 自己的時間比較充裕 → Yes

目前與雙親或配偶同住 → No → 為了就近照護，而計畫搬家同住

為了就近照護，而計畫搬家同住 → Yes → 自家有足夠的照護空間

自家有足夠的照護空間 → No → 為了方便照護，願意重新裝修住家

為了方便照護，願意重新裝修住家 → Yes → 自己的時間比較充裕

自己的時間比較充裕 → No → 本人（父母或配偶）大致還有自理生活的能力

為了方便照護，願意重新裝修住家 → No → 本人（父母或配偶）大致還有自理生活的能力

本人（父母或配偶）大致還有自理生活的能力 → Yes

本人（父母或配偶）大致還有自理生活的能力 → No → 認為照護工作還是應該交由專業來做

為了就近照護，而計畫搬家同住 → No → 目前雙親一個人獨居

目前雙親一個人獨居 → Yes → 本人（父母或配偶）大致還有自理生活的能力

本人（父母或配偶）大致還有自理生活的能力 → Yes

本人（父母或配偶）大致還有自理生活的能力 → No → 認為照護工作還是應該交由專業來做

目前雙親一個人獨居 → No → 配偶還算健康

配偶還算健康 → Yes → 本人（父母或配偶）大致還有自理生活的能力

配偶還算健康 → No → 配偶也需要人照護

配偶也需要人照護 → Yes → 本人（父母或配偶）大致還有自理生活的能力

認為照護工作還是應該交由專業來做 → No

認為照護工作還是應該交由專業來做 → Yes

配偶也需要人照護 → Yes → 前往 A

配偶也需要人照護 → No

前往 A　　前往 C

自己毫無訓練基礎，就要在家照護雙親或配偶，真的沒問題嗎？如果你為此感到不安，請先進行以下的 YES・NO 圖解檢測，找出適合你需求的照護類型吧！

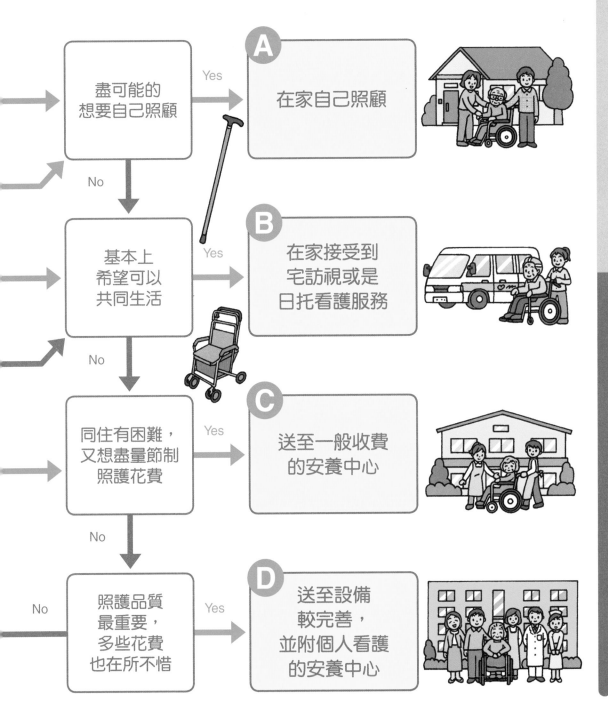

盡可能的想要自己照顧 —— Yes →

A 在家自己照顧

No ↓

基本上希望可以共同生活 —— Yes →

B 在家接受到宅訪視或是日托看護服務

No ↓

同住有困難，又想盡量節制照護花費 —— Yes →

C 送至一般收費的安養中心

No ↓

照護品質最重要，多些花費也在所不惜 —— Yes →

D 送至設備較完善，並附個人看護的安養中心

No

解決方案

這樣解決照護的煩惱

一開始著手家人的照護工作,必定千頭萬緒,每天為了不知怎麼做才正確而深感不安,擔心一不小心會發生問題;而萬一真的出狀況,也不懂得如何處理才好……你的心聲,我們聽到了,以下就是居家照護中最常見的狀況。

照護者
求助的
實際案例

爸爸在椅子上
坐不穩,跌了下來!

照 護 者	50 歲女性
受照護者	82 歲男性(體力衰弱)

　　我爸爸並沒有罹患疾病,大致上算是一位健康的老父親,但是最近衰老得特別快。前幾天晚餐時,我攙扶爸爸到餐桌旁,他一個沒坐穩就跌在地上。請問有沒有老人家安全的就坐方法?

就坐時的照護 ➡ 前往本書第 6 章

母親的三餐餵食,
為何怎樣都餵不好?

照 護 者	53 歲女性
受照護者	77 歲女性(失智症前兆)

　　老母親出現失智症的前兆,三餐都由我餵食。也許是我的方法不好,母親有時根本不肯開口吃飯。為了老人的健康著想,總希望她能每天好好吃三餐。

飲食的照護 ➡ 前往下冊第 9 章

媽媽飯吃到

一半嗆咳不止，
請問我可以做什
麼樣的有效處置？

| 照 護 者 | 60 歲男性 |
| 受照護者 | 86 歲女性 |

　前幾天家人一同吃飯的時候，媽媽忽然
劇烈嗆咳不止，幾分鐘後，她終於自己把
卡在喉嚨的食物吐出來。萬一再發生同樣
的狀況時，我該怎麼做呢？

發生緊急意外的處理 ➡ 前往下冊第 13 章

咳咳咳

媽媽臥床不起，

有沒有什麼好方法
可以協助她翻身？

| 照 護 者 | 45 歲女性 |
| 受照護者 | 70 歲女性（臥床不起） |

　母親自從半年前就癱瘓在床，為了預防
褥瘡，我一天都會幫她翻身 2~3 次。媽媽
的體重並不是很重，但是憑我一個人的力
量，總是手忙腳亂翻不好。請問是不是有
簡單的訣竅可以幫幫我？

翻身的照護 ➡ 前往本書第 3 章

媽媽的房間是起身不易

的和室，身為照護者，
請問有什麼好方法可以幫助她？

| 照 護 者 | 45 歲男性 |
| 受照護者 | 69 歲女性（腰腿無力） |

　我們住在 60 年的老屋，整個房子的格局都是和室，連
同一年前腰腿健康惡化的媽媽也睡和室。需要力量攙扶
的照護工作都由我負責，每次要把她老人家從被窩裡扶
起身的時候，總覺得姿勢很勉強，深怕會發生意外。

站起身的照護 ➡ 前往本書第 5 章

我住在沒電梯

的老公寓，上下樓梯都得提心吊膽。

受照護者　70 歲男性

我住在沒有電梯的公寓 3 樓，出門必須靠樓梯上下。因為樓梯沒有扶手，讓我頗為擔心。最近感覺自己的體力大不如前，想知道有沒有上下樓梯的安全方法？

步行的照護➡前往本書第 8 章

我和兒子兩人

一同生活，因為怕尷尬，所以希望能自己更衣。

受照護者　71 歲女性（半身癱瘓）
照 護 者　42 歲男性

我和兒子一同生活，自從我半年前右半身癱瘓，兒子便協助打理日常生活瑣事。但是讓他來幫我換衣服，還是覺得尷尬，有沒有什麼好方法可以讓我自己更衣呢？

更衣的照護➡前往下冊第 11 章

我坐輪椅，

有沒有自己上廁所的方法？

受照護者　74 歲男性（帕金森氏症）
照 護 者　47 歲女性

我因為罹患帕金森氏症，在家中也需要坐輪椅。如廁雖然有女兒協助，但多數時間都是我一個人在家，上廁所很不方便。有沒有理想的方法，方便我一個人自行如廁呢？

如廁的照護➡前往下冊第 12 章

入浴時
總覺得重心不穩，深怕跌倒。

受照護者	75 歲女性
照 護 者	38 歲女性

　　最近深刻體會到腰腿無力的痛苦，洗澡雖然有女兒協助，浴室也加裝了扶手，但是進入浴缸的時候仍然得戰戰兢兢，請問有沒有安心泡澡的好方法？

入浴的照護 ➡ 前往下冊第 10 章

可否不靠女兒，
憑自己的力量站起身呢？

受照護者	78 歲女性（半身癱瘓）
照 護 者	40 歲女性

　　最近開始出現左半身麻痺的症狀。同住一個屋簷下的女兒，忙於工作自顧不暇，我希望自己至少可以在早上起床時，自行起身，不知道有何方法可以幫我？

從床上起身的照護 ➡ 前往本書第 4 章

每次要從輪椅
移身坐上汽車時，總是跌跌撞撞而為此和老婆吵架。

受照護者	64 歲男性（下半身癱瘓）
照 護 者	66 歲女性

　　我因為下半身癱瘓而必須依賴輪椅。老婆都會定期開車載我上醫院回診，每次從輪椅移轉身到汽車的過程中，總是跌跌撞撞，花費時間不說，夫妻兩人還要因此吵架。有沒有好方法可以教教我？

從輪椅移轉身到汽車 ➡ 前往本書第 7 章

照護之前

開始照護的 ⑥大重點須知

照護技巧囊括了生活的所有面向，
想要全盤牢記可不是那麼容易。
以下整理出 6 大重點，只要把握這 6 點，照護自然變輕鬆。

重點 ① 理解對方的心情感受

即將開始接受照護之前，年長者會感到特別不安。即便照護者就是自己家人，
他還是不免擔心「我該不會被弄痛」、「身體不聽使喚怎麼辦」，
首先要同理這樣的心情，消除年長者的疑慮不安。

「會痛」的心情

年長者從床上起身時，如果曾經遭到硬拉而疼痛，會讓對方心生畏懼，下次再遇到相同狀況，就會本能的認為「又會被弄痛」而心生抗拒，造成照護上的困難。

「恐懼」的心情

體力衰退以後，站立、行走、坐臥等日常活動也會變得吃力。即使是再簡單不過的動作，都會讓年長者心生恐懼，照護者要先有這樣的認知才行。

「動不了」的無能為力

隨著肉體老化，年長者的關節活動也變得遲緩。他們對身體不聽使喚也感到很無奈。身為照護者一定要懂得體諒，對方即使無法按照自己的意思動作，也要心平氣和的接受這個事實。

重點 ② 分清楚做得到與做不到的事

隨著照護的需求程度日益加重，日常的照護頻率也會增多。
然而，事事代勞會讓年長者失去自理能力而變得依賴，
身體機能也加速退化。所以照護者必須善加觀察年長者的表現，
只在他們真的做不到的時候才出手協助。

首先觀察行動

自起床開始到就寢為止，日常生活中充滿各式各樣的動作，這些動作需要照護協助的程度也有不同。身為照護者必須懂得深入觀察，分清楚年長者做得到與做不到的事。

留意行為習慣

細心觀察年長者的動作，就會發現「左腿行動不良，所以身體歪斜」、「走路時腳抬不起來」等個人特有的習性，只要留意其姿勢和動作習慣，就能夠正確誘導。

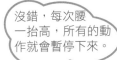
沒錯，每次腰一抬高，所有的動作就會暫停下來。

做得到的事要他自己做

看到年長者行動有困難，就容易事事出手相助。但儘管他本人動作遲緩，只要做得到，就要盡量讓他親自完成，這才能夠讓他保持行為能力。深吸一口氣，耐心守護讓他自己慢慢完成吧！

右手似乎沒問題呢！

真的做不到才出手協助

無論年長者用多久時間也做不到的動作，才出手相助。身為照護者，要充分意識到年長者「會痛」、「恐懼」、「動不了」的難處，不加重長者無謂的負擔。

重點 ③ 清楚說明，徵詢對方的配合

進行動作的照護時，若無視對方的意向，只管自己機械式的操作，
一定無法把照護做好。採取動作前，務必先向對方清楚說明接下來所要進行的內容，
好讓人有心理準備，才容易取得配合，也有助於防止意外發生。

接下來要怎麼做？

採取動作前，必定先出聲提示，清楚說明接下來要做些什麼。默不作聲的任意搬動對方身體，會令人感到不快。

說明為何要這樣做

例如，同樣是從床上起身，接下來是要在床上用餐，還是移動到其他地方，起身的動作會有不同。照護者應該在受照護者起身前，就先清楚說明動作的目的和內容。

告訴對方，你想要他如何做

照護者與受照護者有共同的動作目的時，照護才可能順利進行。要把意識放在活動的方向，讓受照護者配合你來移動身體重心，就不必花費多餘的力氣。

重點 4　不厭其煩的出聲提示

出聲提示是照護的起點，也是協助動作順利進行的潤滑劑。
出聲提示不僅能傳達接下來的動作內容，還能緊扣住每一個動作的重點，
讓年長者自然、安心的把身體交給你來調度。

用容易聽懂的話做說明

要年長者從椅子上站起身的時候，如果只是說「請站起來」，會讓人覺得很冷淡，難以獲得對方積極配合的意願。

請站起來！

具體傳達接下來的行動目的，對方也會知道該如何配合你進行。

接下來要洗澡囉，我們先站起來吧！

語氣輕柔，不慌不忙

用溫和有禮的口氣出聲提示，只是最基本的態度。雖然把「請、謝謝、對不起」牢牢掛在嘴上，但是肢體語言和態度也可能令人感到高壓。

請妳向前彎。

怕怕……

用「我們來○○吧！」、「你要不要幫我把○○一下！」的溫和口吻和聲調請求對方，容易徵得對方配合的意願。

我們來向前彎彎看吧！

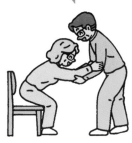

除了出聲提示動作的方向，還有其他輔助方法

如果只是用嘴巴說明方向，年長者有時仍然分不清。

請把右腿膝蓋立起來。

用手輕拍該部位加以提示，對方就很清楚要動哪一隻腳了。

我現在拍的這條腿的膝蓋請立起來喔！

重點 ⑤ 溫柔對待身體

先出聲提示對方以後，再以溫柔的動作引導，這是照護的基本要求。
但是對肢體僵硬、皮膚脆弱而敏感的年長者來說，
肢體的接觸大有學問，原則是盡量不讓對方感到疼痛。

不要直接從上方抓握

　　直接從上方抓握年長者手腳，對照護者而言是最方便省事的做法，卻是照護的大忌。肢體忽然被人抓住，必定會緊張而僵硬，因此容易感到疼痛。

　　由下而上撐起對方的手腳時，請比照圖面所示，攤開手掌、張開五指，由下往上加以支撐，感覺就好像是用自己的手掌托著年長者的手或腳。

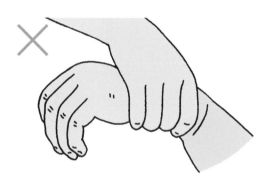

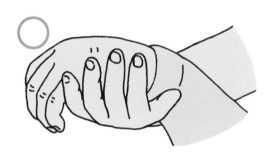

用兩手支撐

　　照護者用單手抬起對方的手腳，不僅自己費力，施加的力量都集中在一點上，有時會弄痛對方。

　　需要抬起對方的手時，請比照圖面所示，雙手同時扶著年長者的手腕和手肘。同樣的，如需抬起對方的腿時，則應該同時扶著對方的腳踝和膝蓋。

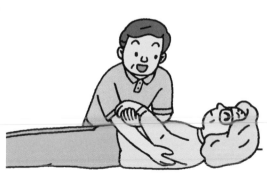

重點 6 對雙方身體都無負擔的照護

要掌握照護的動作要領，特別是體位變換等訣竅，需要經驗累積。
而在學會之前，照護者的身體要承受很大的負擔。如果逞強，很可能傷了自己。
不逞強、不依賴蠻力，才是對受照護者和照護者雙方都好的理想照護。

姿勢要平穩

當雙方的體格差異較大時，難免需要一定程度的使勁。如果用不當姿勢勉強去做，照護者的身體負擔會很大。因此，請至少採取平穩的姿勢。

不用蠻力，行動從容

需要出力時，一股腦的使盡全力，可能傷了對方，也可能傷到自己。不要心急，一點一點慢慢施加力量。

充實工具和設備

照護是耗費力氣的勞動，如果樣樣都自己出力，身體會吃不消。為年長者變換體位時，借助移位腰帶，或是設置握把、安全扶手等，都是可以彈性運用的好幫手。

勇於向人求助

乘坐輪椅外出，有時難免要上下樓梯，這時千萬不要羞於向周遭的人求助。過度自信，凡事憑一己之力是很危險的。

15

目錄

第 1 章　照護的基礎知識

中文版真人示範
（請掃描 QR code）

半癱的翻身
（向癱瘓側）

第2章 照護的基礎知識

半癱的翻身
（向非癱瘓側）

下半身癱瘓的翻身

第3章 翻身的照護

四肢癱瘓的翻身

腰痛的翻身

第4章 坐起身的照護

從床上坐起身

第5章 站起身的照護

從椅子站起身

第6章 就坐的照護

椅子的就坐

第7章 坐輪椅的照護

從臥床移到輪椅
(適用下肢較有力氣的人)

從臥床移到輪椅
(適用難以站立的人)

第11章 更衣的照護

第12章 如廁的照護

第13章 緊急狀況的處置

第14章 照護者的自我照護

印尼語真人示範（請掃描 QR code）

半癱的翻身
（向癱瘓側）

半癱的翻身
（向非癱瘓側）

下半身癱瘓的翻身

四肢癱瘓的翻身

腰痛的翻身

從床上坐起身

從椅子站起身

椅子的就坐

從臥床移到輪椅
（適用難以站立的人）

從臥床移到輪椅
（適用下肢較有力氣的人）

增訂版導讀 特別新增治療師真人實作示範影音，掃碼就能學習！

這是一本非常實用、易閱讀、家家必備的居家照顧寶典。在高齡化社會，國人的平均餘命不斷延長，但健康餘命相對並沒有明顯增長，因此，長輩各種程度的長期照顧需求，幾乎是每個家庭終將面臨的議題和困境，故而這方面的照護基本識能，將是每個家庭、甚至每個人的基本識能。

全書以圖示加上重點說明的方式，清楚表達年長衰退或失能者日常生活起居食衣住行所面臨各事項的照顧需求、照顧者協助的方式及技巧。而本次改版，也特別加入由「臺灣長期照顧物理治療學會」規劃之治療師真人實作示範的影音資訊（見目錄 QR code），將協助本書的閱聽者能更清楚具像瞭解各項實務操作的技巧和「眉角」。

本書共 14 章，前兩章為照護的基本知識。第 1 章大致簡介年長者的身體系統衰退及心理變化、說明「醫療」與「照護」的不同概念、介紹日本的介護保險制度，以及對於日本七級照護等級所分別需求的常用日常生活輔具製表介紹，表格一目了然，非常具有參考價值。第 2 章則主要針對長期照顧中最需要的轉移位的基本技巧、注意事項等，做深入淺出的圖示和說明。

第 3 章開始則針對主要的日常生活各項照顧需求介紹，以翻身、坐起、轉移位、坐站姿平衡及輪椅移行、拐杖步行等的照護分章介紹；第 9 章起則介紹飲食、穿衣、如廁、沐浴等之照護；第 13 章特別介紹居家照護可能面臨的緊急狀況，如：噎食、窒息、中暑、脫水、食物中毒、跌倒、出血、燒燙傷、痙攣等之基本處置，相當實用。而最後一章，則不忘對於照顧者的舒緩減輕照顧壓力，提出自我檢視和紓壓的具體叮嚀－良好的睡眠、均衡的營養和適度的運動，這在執行長期照顧是非常重要的概念。

本書有幾個特點：(1) 大量圖示、文字簡潔易讀；(2) 動作按步驟說明；(3) 清楚標示照顧者需說出的口令用語；(4) 正確及錯誤 NG 動作或口令之對照示範；(5) 每個章節最後均附上貼心小叮嚀。在進入正式章節之前，作者先以常見照顧時面臨問題或困境，以問題為導向方式引導讀者可快速於書中哪一章節找到對策。如此編排，相當實用。

接著溫馨提醒讀者於開始照護之前的六大原則重點，其中第一點即為「理解對方的心情感受」－會痛、恐懼和無能為力的心情，接著第二點才是去「觀察做得到與做不到的事」，這樣的思考概念，體現日本的以人為本高品質精細照護態度，非常值得我們學習。我們在台灣的醫護或照顧教育，對於學理技能、客觀評估等的傳授非常扎實，但確實不夠強調情意識能、注重和同理個案的心情感受，應該是列為照顧的起手式。

「觀察分辨做得到與做不到的事，真的做不到才出手協助」，藉以提供不多不少最恰當的協助，這也是照顧中非常重要的概念；如此，個案的剩餘功能才能適當發揮，且透過不斷的日常練習得以保留甚至更提升。這也是目前政府推行的長照 2.0 復能專業服務的精髓。

確認能力後，照顧協助的第三個重點為「清楚說明，徵詢對方的配合出力或移動」；接著第四個重點為「簡單易懂、輕柔勿催促、不厭其煩地出聲提示配合動作」；第五個重點提醒協助者的過程細節以「溫柔對待身體」；第六個重點提示照顧者應注重學習照顧技巧，例如：蹲馬步抬舉移位、使用適當輔具、需要時向人求助等，以進行「對雙方身體都無負擔的照顧」。這六個重點原則貫穿全書的各項照顧技能。

本人極力推薦此書給正面臨家中親人需照顧者、照顧科系相關學生、長照領域第一線執業的各種專業人員及照顧服務員等等，相信會對大家的正確照顧識能非常有助益，使能應用正確體位協助技巧及適當輔助用具，讓日常生活照顧事倍功半，有效減輕照顧負荷；而正確地照顧方式，提供不多不少最適當的協助，符合「生活即復健」或「復能」精神，其更積極面向，將可至少維持、甚至持續提升受照顧者的各項自理能力。

如前所述，本次改版「臺灣長期照顧物理治療學會」也特別協助規劃邀請蔡佩玲、陳雅玲、鍾詩偉等三位資深物理治療師，提供真人實作的影音動作示範，將有助本書的閱聽者能更清楚具像瞭解各項照顧實務操作。倘若尚有進一步的照顧技巧指導需求者，可透過撥打 1966 長照專線申請衛福部的長照需求評估及服務，或是諮詢您的物理治療師。最後，希望透過這本書幫助大家能成為有效率的低負擔照顧者，而受照顧者也能因正確的照顧方式持續提升生活自理能力，達到雙贏局面。

林佩欣 臺灣長期照顧物理治療學會 理事長

2023 年 6 月

共同推薦 兼顧照護者與被照護者的居家照護指南

　　台灣即將邁入超高齡社會，長者的照顧議題一再被關注，但是大家對於長者的身心狀況及照顧方式認識多少？了解多少？本書以一個 40 年實務工作者的經驗，用淺顯易懂的圖文，以及細膩的操作方式，將照顧長者面臨的相關議題逐項說明，以及別忘了如何保護自己，是一本值得細細咀嚼的書。

　　其中，我最欣賞的是每一章節都有一段小叮嚀，貼心的提醒照顧者應考量長者的感受，而注意自己的動作、聲音、語言、位置等，這種尊重被照顧者的態度，相信將有助於照顧品質的提昇。

周麗華 社團法人台灣長期照護專業協會 理事長

　　台灣的生育率偏低、人口老化速度非常快，預估 2025 年將達 20%，進入「超高齡社會」。也就是說，平均每 5 人中就有 1 位 65 歲以上老人！雖然長照體系即將上路，但面對老化海嘯襲擊，台灣逐漸成為失智重災區，仍不免擔憂照護服務是否能夠滿足越來越多的高齡人口。

　　欣見在日本擁有超過 40 年老人照護經歷的米山淑子理事長監修的《圖解・一看就會做：居家照護全方位手冊》這本書即將在國內問世，其深入淺出的內容，加上饒富趣味的插圖，必能有助於照護者輕鬆執行、被照護者歡喜自在。

侯明鋒 高雄醫學大學外科學 教授、高雄市立小港醫院 院長

　　專業照顧者與家庭照顧者都曾有正、負向照顧經驗糾結感覺，因為照顧知識及技能是透過學習而來，人因學習而長智慧，好的學習能促進更棒的正向照顧經驗！

　　這本書是正向照顧的能量書，讓心情安定，不被憂慮、恐懼、忙亂所憾住，透過這個能量學習和成長就是一種幸福，除了能使照顧關係更加信賴與親密外，專業照顧者與家庭照顧者也會更具有信心勇往直前，並且能更感受到這世界的溫度！

深心寧 社團法人台灣居家服務策略聯盟 榮譽理事長

本會「0800507272家庭照顧者關懷專線」發現，照顧技巧問題困擾大，不當的照顧動作容易衍生照顧傷害或負面情緒。很高興有這本貼心而細膩的照顧工具書，不只照顧長輩身體，也照顧長輩的心，每個動作都搭配特殊的「出聲提示」。

這本書也有對照顧者的關懷，提供許多避免自身傷害、平穩照顧的撇步。以圖文拆解動作的呈現方式，方便理解，非常實用。

陳景寧　中華民國家庭照顧者關懷總會 秘書長

許多家庭照護者是在家人倒下後，赤手空拳進入照護領域的。他們不像居家服務員或居家護理師等，是在接受一定程度專業訓練後，才提供照護服務，而是突然的成為照護者，所以沒有充裕時間去學習照護技巧，只能用自己的蠻力來搬運、翻動被照顧者，也因此常常帶來很多的運動傷害。新北市家庭照顧者關懷協會針對新手照護者辦了很多照護技巧訓練班，但很多的照護者，受限於家人狀況而無法外出。

很高興新自然主義出版社引進了這本《圖解‧一看就會做：居家照護全方位手冊》，全書以活潑的圖解方式，把常會遇到的翻身、步行、沐浴、飲食、緊急處置等照顧技巧，做了詳盡的說明。更重要的，在最後有一個特別的專章，介紹照護者的自我照顧方法，提醒照護者注意自己的壓力負荷狀況，透過好友、旅行、運動、沐浴等方式讓自己放輕鬆，這也正是我常告訴家庭照護者的，只有先把自己照顧好，才能有好的精神與體力去照顧家人。期待這本書的出版，讓更多的家庭照護者，可以更輕鬆地面對照顧工作，也更能夠好好的照顧自己。

陳穎叡　新北市家庭照顧者關懷協會 理事長

隨著人口老化、慢性疾病增多，加上醫療技術精進，以往的重大傷病如癌症等獲得控制的機會大增，許多患者可在家中休養，但仍需要協助起居，對於照顧的家人或看護而言，有系統的了解照護知識與技巧，可以減少病患及照護者的不適與負擔。

這本書以深入淺出的圖文，描述日常生活起居的照護及緊急處置，對於家中有需要照護的長者或慢性病患，是一本值得收藏，做為家中協助照護的工具書。

黃秀英　台北醫學大學台北癌症中心 督導長

照顧是一門專業技術，兼具人性關懷

面臨高齡化浪潮，政府積極推動長期照顧政策來因應因為高齡化之後帶來的照顧問題，「長期照顧十年 2.0」上路，將服務對象擴大至 50 歲以下之身心障礙者，服務項目從 8 項擴增至 17 項，並往前延伸至失能預防與健康促進，希望建構完整的社區照顧體系，提供失能民眾照顧，並降低失能風險，減輕整體社會的負擔。

鼓勵長者自己動手，回復日常生活功能

當我們關注於政策發展走向時，有另一個重要課題必須同時被注意，就是照顧的基本功是否有隨之成長、精進？這個課題也同時影響照顧人力的培育與留任，有好的照顧觀念與技術，照顧專業才能被認同，工作成就感產生，也才能吸引更多好的人才進入。

台灣對於照顧價值與定義鮮少探討，社會存在著照顧是低階服務工作的負面印象，照顧專業不被認定，也停滯發展，很多照顧的觀念是錯誤的經驗累積，造成錯誤照顧而不自知，不僅可能錯失了讓長者能夠逐漸變好的契機，也會讓照顧工作者或家屬的壓力更為沉重。以吃飯這件事來說，一個長者還能進食、咀嚼，可是手會抖動，很難自己將飯菜送到自己嘴裡，照顧服務員為了追求快速，可能就直接幫長者夾菜、攪拌、餵食，感覺起來這樣的服務好像很貼心，可是卻會讓長者越來越依賴、功能越來越退化，到後來原本還有的功能（舉手、擺臂）可能都喪失了，這就是我們在照顧現場常看到的「廢用症候群」，因為不當的照顧造成的功能退化，直接的影響就是照顧者的壓力一天比一天大，原本以為是輕鬆有效率的，卻造成更大的負擔。

推動自立資源照顧，減輕照顧者負擔

那什麼樣的照顧觀念是正確的呢？日本長期照顧的核心價值「自立支援照顧」是我們很重要的借鏡，所謂自立支援照顧指的就是要充分的進行日常生活活動（ADL）的照顧，確保解決大多數日常生活的實際問題，讓失能民眾即使在要人照顧的狀態，也要盡可能在自己可以做的範圍內，過一個自己能支配的生活，這樣子他的生活品質（QOL）自然能提升，而照顧者的負擔也會減輕。

從此觀念延伸，日常生活活動包括進食、咀嚼、功能性移動（床上移動、輪椅移動、移位、行走）、穿脫衣物、沐浴、廁所衛生（大、小便）等，在提供這些照顧

服務的同時，不僅只是注意照顧者自己的方便與效率就好，更重要的是要先觀察長者還剩下來的功能有哪些，然後運用其他服務來補不足的地方，以前面提到的吃飯為例，照顧者可以配合失能長者的手臂功能，設計適合的湯匙，找深一點的湯匙減少飯菜掉落，用餐的時候鼓勵他自己夾菜到碗裡，或是由他指揮決定要夾那道菜；手會發抖時，則輕輕扶托住手背，減少抖動，讓他可以更順利的自己進食，透過這個過程的操作，不僅是在協助這些生活需求的滿足，更進一步可以讓日常生活功能逐漸回復回來，這樣的思考方式，就是「照顧意識」。

零約束照顧，減少臥床的照護依賴

本書所教導的照顧技巧，同時包含了「引導被照顧者自己做」、「讓被照顧者自己重新學會做」、以及「照顧者負擔減輕」的策略與效果，這不僅是人性關懷，更降低負擔，也惟有讓照顧關係雙方都同時受益，才能持續發展。但在過去，因為台灣對於照顧的價值、定義與內涵一直是模糊的，照顧的專業無法發展，因此經常就把醫療的治療觀念與做法，直接套用在照顧的場域中，例如「約束」這件事情，在醫療行為中，透過醫師的評估同意，在許多要件具足下，可以對病人施以短暫約束，可是換到照顧場域裡，在沒有確定照顧價值之下，約束卻變成照顧的必要、常在的措施，氾濫到僅憑一紙沒有法律效力的同意書，長者的權益就被約束了，這個牽涉到自由權剝奪的重要課題，在面臨高齡浪潮的今日，必須嚴肅面對。

2016 年可以說是台灣的長照年，政府到民間紛紛將焦點關注在長照議題，在照顧觀念的革新上，從民視電視台「不綑綁的老年」紀錄片，以及康健雜誌「照顧革命」專題，報導財團法人雲林縣同仁仁愛之家與雲林縣老人福利保護協會導入自立支援零約束照顧的成效，引起社會的迴響，照顧的革新火苗開始在各地燃起，我們不僅要積極引進各種服務模式，更必須讓照顧的價值在服務過程中逐步實踐，照顧工作者能減輕負擔並獲得成就感，這些都奠基於照顧技術的成長與精進，本書可以給我們很多的幫助。

財團法人同仁仁愛之家 董事長、社團法人雲林縣老人福利保護協會 執行長

本書使用方法說明

翻身、步行、沐浴、飲食……照護的內容全面包辦了日常生活中的各種動作，
本書將這些動作分門別類，歸於各章節，
用簡易的圖解外加豐富的說明，務求讓人一目了然。
在進入本文以前，讓我們先學會本書的使用方法。

簡易圖解
一目了然

以照護的基本動作為主，拆解成易看易懂的圖解加以說明。即使是複雜的動作，也盡量用最少的步驟講解清楚，便於理解。

完全例舉出聲
提示的重點

照護能否順利進行，照護與被照護雙方的互助關係很重要，而出聲提示居中扮演著關鍵的作用。本書為所有的動作配上口頭提示，有如動作旁白。

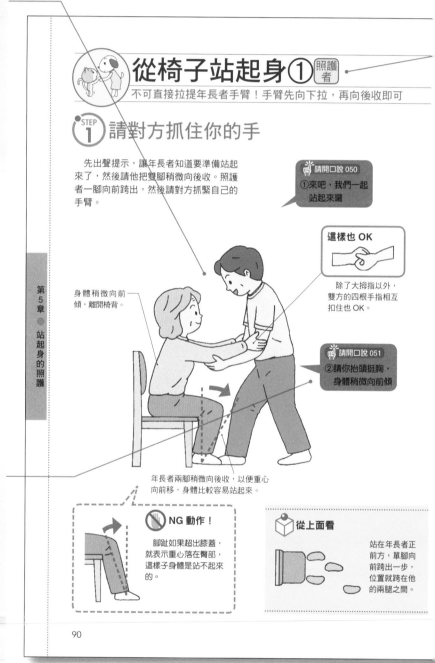

第 5 章 ● 站起身的照護

從椅子站起身① 照護者

不可直接拉提年長者手臂！手臂先向下拉，再向後收即可

STEP 1 請對方抓住你的手

先出聲提示，讓年長者知道要準備站起來了，然後請他把雙腳稍微向後收。照護者一腳向前跨出，然後請對方抓緊自己的手臂。

請開口說 050
①來吧，我們一起站起來囉

這樣也 OK
除了大拇指以外，雙方的四根手指相互扣住也 OK。

請開口說 051
②請你抬頭挺胸，身體稍微向前傾

身體稍微向前傾，離開椅背。

年長者兩腳稍微向後收，以便重心向前移，身體比較容易站起來。

NG 動作！
腳趾如果超出膝蓋，就表示重心落在臀部，這樣子身體是站不起來的。

從上面看
站在年長者正前方，單腳向前跨出一步，位置就跨在他的兩腿之間。

90

28

●顯示照護的需求度

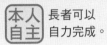 本人自主 長者可以自力完成。

照護者 需要照護者的協助。

●顯示身體的狀態

 半癱 處在半身癱瘓的狀態。

不失敗的要領

各種狀況下可能發生的錯誤，或是常見的失敗例子，一一列舉不遺漏。萬一按照圖示步驟無法順利完成，就請看這裡！

 STEP 2 手臂下拉

請開口說 052
請把頭向前彎，屁股抬起來

請年長者把屁股抬起來，就像行鞠躬禮一樣，頭向前彎，手臂同時向下拉，將身體重心往前移動。

從坐姿站起身時，身體重心必須由臀部移到腳底。協助重心順利轉移的要領，不是直接去拉對方的手臂，而是先讓他自己把手臂往下拉。

NG 動作！

直接去拉提年長者的手，不但造成疼痛，還可能受傷。即使是力大無窮的人，不先讓年長者把重心向前移動，光憑臂力就想要把對方拉起來，是很困難的事。

利用小單元補充說明

多多益善的實用照護說明都在這裡。

從上面看

輕輕彎腰，把跨出去的一隻腳收回來。

腳向後收

等對方屁股抬高，離開椅面以後，照護者用手臂撐住對方向下拉的雙手，一面將自己剛才跨出的一步向後收回來。

請開口說 053
兩隻腳要慢慢出力站穩喔

STEP 3 完成站起身的動作

站起來以後，照護者不要立刻把手放開，應確定對方站穩以後才慢慢放手。

照護者不要只是活動手臂，身體也要跟著向後退。

讓照護更輕鬆的訣竅還有很多

關於照護的動作，有許多技巧上的要領，只要稍加把握動作的方向或是出力的要訣，就可以四兩撥千斤，讓工作變得輕鬆容易。這些內行人的專業技巧，也一併傳授給讀者們。

91

本書照護用語說明

申請照護保險，或是聽取醫師和照護人員的解說，
還是剛開始進入照護工作時，常會接觸到一些不熟悉的用語。
本書為方便閱讀起見，只就最必要的名詞加以說明。

癱瘓側　也就是醫療照護用語所說的「患側」。是指因為腦血管障礙等緣故，造成癱瘓而無法動彈的一邊身體。

非癱瘓側　也就是醫療照護用語所說的「健側」。是指沒有麻痺、失能等障礙、可以隨本人的意志活動的一邊身體。

自主　不需特別協助，可以憑自己的力量活動身體的狀態，但是照護者仍需從旁注意。

照護　因為日常生活功能（簡稱 ADL）喪失，而需要照護者協助的狀態。又可分為「全照護」和「部分照護」。需要全照護者之 ADL 嚴重喪失，生活起居的所有動作幾乎都無法自力完成，必須仰賴照護者全面協助。需要部分照護者基本上可以自力活動身體，但有些動作仍需要照護者協助完成。

吞嚥　將口中的食物吞進去。無法順利完成吞嚥動作的人，就屬於吞嚥障礙。

攣縮　肌肉或關節緊繃僵硬，身體無法自由活動的狀態。容易發生在長期臥床不起的病人身上。

褥瘡　又名壓瘡，長時間以同一姿勢臥床，部分身體受壓迫導致血液循環不良，而致皮膚出現傷口並難以癒合，病情若持續惡化，將造成皮膚壞死。

口腔　攝取食物並加以咀嚼的部位，也就是一般所說的嘴巴。醫學上是指「從嘴巴到喉嚨的部位」。

第1章

照護的
基礎知識

著手照護工作之前，有些事必須先
了解。本章針對接受照護的年長者
身心狀態、照護保險制度、照護必
要的工具用品等，做基本說明。

了解年長者的身體

上了年紀的身體變化，不只是外表所見這麼簡單

(一)年紀大之後的身體變化

上了年紀的老化，會以各種方式表現在身體的各個部位，除了皮膚的皺紋、斑點增多，或是彎腰駝背這些肉眼可見的外在變化之外，不可見的內在變化也同時進行當中。充分了解年長者的身體變化，是提升照護品質的第一步，以下這些基本特徵請牢記。

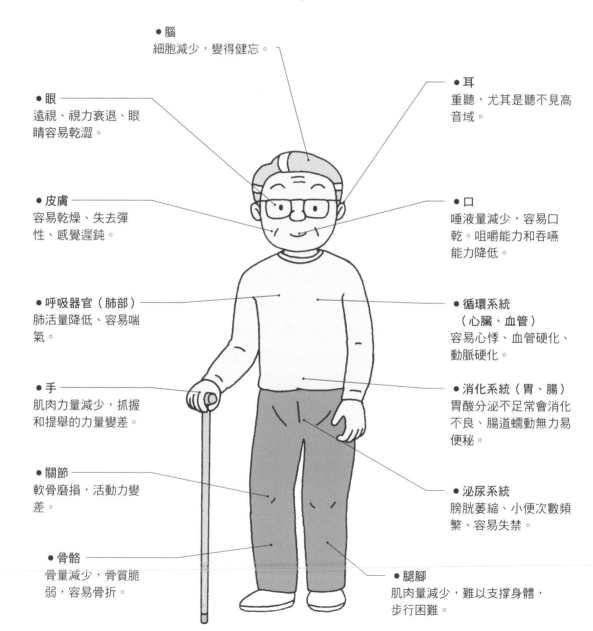

●腦
細胞減少，變得健忘。

●耳
重聽，尤其是聽不見高音域。

●眼
遠視、視力衰退、眼睛容易乾澀。

●皮膚
容易乾燥、失去彈性、感覺遲鈍。

●口
唾液量減少，容易口乾。咀嚼能力和吞嚥能力降低。

●呼吸器官（肺部）
肺活量降低、容易喘氣。

●循環系統
（心臟、血管）
容易心悸、血管硬化、動脈硬化。

●手
肌肉力量減少，抓握和提舉的力量變差。

●消化系統（胃、腸）
胃酸分泌不足常會消化不良、腸道蠕動無力易便秘。

●關節
軟骨磨損，活動力變差。

●泌尿系統
膀胱萎縮、小便次數頻繁、容易失禁。

●骨骼
骨量減少，骨質脆弱，容易骨折。

●腿腳
肌肉量減少，難以支撐身體，步行困難。

(二)上年紀的老化三原則

減少
・腦細胞、骨質、肌肉等

　　以腦細胞的減少最具代表性，也是導致「健忘」的原因。骨量同樣隨著年紀大而減少，特別是女性因為女性荷爾蒙分泌減退，容易罹患骨質疏鬆症。肌肉量減少則造成腰腿無力，容易絆倒跌跤。

變硬
・血管、韌帶、皮膚等

　　以血管的硬化為代表，容易發生動脈硬化，尤其是腦血管障礙等。韌帶也容易僵硬，導致關節的活動範圍狹窄。也就是說，肢體活動不再靈活自如。而皮膚也因為水分減少，容易乾燥硬化。

失衡
・礦物質、荷爾蒙等

　　以體內礦物質的失衡為代表，因此容易脫水、中暑。荷爾蒙的分泌失衡則導致自律神經機能失調。尤其是女性即將閉經，女性荷爾蒙分泌減少，常會引發更年期障礙等症狀。

(三)年長者的疾病特徵

　　老年疾病的最大特徵，就是多重障礙一起來，而不單只罹患一種病。因為上了年紀的緣故，身體功能全面衰退，往往多種疾病同時上身。

　　所以不可執著在單一症狀的處理，頭痛醫頭腳痛醫腳，而必須明辨整體的變化。此外，年長者的復原能力比較差，有些病可能久治不癒，以無法根治的慢性病居多，也是一大特徵。

　　而即使罹患同一種疾病，體力和症狀表現也因為個人的條件不同而出現很大的差異。這樣的差異性在年輕人身上並不明顯，這也是老年疾病的另一特徵。

　　此外，長年養成的人生觀、生活環境的影響，都造就形形色色不同的人，因此照護也要因人制宜。

　　老年疾病的另一特徵是容易出現失智、跌倒、失禁等鮮少發生在年輕人身上的症狀。而為了治療多種疾病，同時服用各式各樣的處方藥物，這些藥物加在一起可能造成意想不到的副作用，成為老年疾病的一大風險。

了解年長者的心理

一年年老化，增添年長者的不安

(一)上年紀的心理變化

不只是身體會老，心理也會隨著年紀漸增而出現變化。上了年紀以後，生活作息因為退休而變得不規律，個人又逐漸失去社會功能，孩子各自獨立，只剩夫妻兩人，甚至是一人獨居……諸如此類，都讓年長者被迫面對環境的種種變化，造成他們特有的性格改變與心理不安。

年長者常見的心理變化

不安

身處在肉體衰退與環境的一再變化中，難免感到惶惶不安。莫名焦躁、陷入憂鬱、動不動罵人、害怕孤單、多疑、自我中心、頑固等等，都可以視為內心不安的表現。也就是說，他們其實是以此向周遭訴說自己的心情。

疏離感

社會功能減少、行動範圍受限，都會讓年長者感到日漸和社會、家庭疏離。長此下去會演變成重大問題，甚至是罹患憂鬱症，所以家人平日要多多關照長輩的心情。

無力感

深刻感受老化造成的體力衰退、疾病纏身，自己想要克服卻無能為力，甚至會讓老人家喪失活下去的勇氣。

尤其是生病時，容易失去希望，想法和死亡直接連結，變得被動依賴、毫無生氣。

洞察力更勝於記憶力

上年紀其實不全然都是壞事。雖然記不住新的事物，可是理解力和洞察力卻優於年輕的時候。只要願意多花點時間，一樣可以維持學習能力。

挑戰新的學習和工作、參與義工活動等等，都可以讓老人家發現新的生命意義。所以身邊的人應該多給予鼓勵和協助。

(二)高齡者的憂鬱症

高齡羅患的憂鬱症正在逐年增加當中，主要起因於身體老衰和環境變化、社會功能喪失等。年長者的憂鬱症，和一般的憂鬱症表現不盡相同，常見的症狀表現如下。
①耳鳴、眩暈、手腳麻痺等自律神經失調症狀。
②頭痛、腰痛、胃的不適感等原因不明的症狀。

此外，醫師檢查找不出特別異常，卻還是過度擔憂自己的健康，這也是常見的一大表現特徵。

必須注意的是，這些症狀常會被認為「反正年紀大了就是這樣」，於是放著不處理，或是醫生不願理睬，病情也因此日漸加重。

(三)憂鬱症與失智症

高齡者的憂鬱症常會與失智症混淆。失智症除了記憶障礙之外，還會有情緒低落、專注力降低、凡事不感興趣、坐立難安等憂鬱症的典型表現。

此外，憂鬱症和失智症還有可能同時發病，因此一旦察覺到老人家身心失調，必定要盡快前往熟悉的家醫師或精神科接受診察。

照護者如何避免照護憂鬱

照護者在照顧年長者的過程中，會不斷累積疲勞，演變成照護憂鬱。平時必須讓家人適度分憂解勞，政府也有許多支援服務可以善加利用，以便充分喘息，抒解壓力。

醫療與照護

醫療與照護的目的不同

(一)醫療與照護的差別

「醫療」與「照護」給人的印象似乎很相近，但其實有所不同。醫療是治療患者，照護則是支援老年人等對象的生活，所以目的並不一樣。現代人受惠於醫學發達，壽命延長，住院的機會也變多了，醫療與照護的領域逐漸重疊。

核心家庭化之前的日本社會，多數是三代同堂，年長者還擁有整個家族的照顧。隨著社會發展的多元化，這樣的家族力量正在式微。然而，從減輕社會福利負擔的角度來說，居家照護的重要性已經日漸為人所重視。

所謂醫療

以疾病和受傷的治療為主要目的，治療因疾病而衰弱的身體機能，或是透過復健加以復原。

所謂照護

支援沐浴、飲食、如廁等的生活行為。透過日常生活，盡可能維持或恢復身體機能，是其主要目的。

請別忘記申請照護保險給付

完成醫療上的治療以後，接下來就必須視各自的需要接受合宜的照護。最好是在住院當時，即事先申請照護保險給付。諮詢醫院相關部門，會有專人給予指導。由於照護給付評估流程大約需要 1 個月的作業時間，若是提前在住院期間同時申請，時間會比較充裕。

(二)照護的目的要明確

　　照護的目的因人而異，有的「要脫離臥床不起的狀態」，有的「要能走路」，重要的是必須先釐清照護的目的。

　　例如，為了實現「脫離臥床不起的狀態」，第一步就是要離開床鋪。重點來了！本人要離開床鋪，不能完全依賴旁人三催四請，照護者也不能只是看到年長者離開床鋪就算數，而必須是本人發自內心的想要從床上起來。為年長者製造這樣的動力，才能夠早日達成照護的真正目的。

今天是我見老朋友的日子！

(三)實在做不到也得認輸

　　不願接受衰老的事實，即使犧牲生活品質仍堅持繼續復健的年長者大有人在。但無論如何復建，身體也無法變年輕，徒然加重周遭親友的負擔。

　　「認輸」或許給人負面的印象，然而有時也必須讓這樣的年長者了解，轉換觀念，接受眼前的現實，願意「對不可能的事認輸」、「聽任上天安排」，反而可能換來有品質的愉快生活。

我就是一定要能走！

(四)接受專家的建議和支援

　　有居家照護的必要，或遭遇照護相關問題，都可以洽詢縣市等行政區域設置的長期照護管理中心、社福單位、衛生局（所）等等。這些機構或單位有社工等相關人員常駐，接受民眾的諮詢。

　　不要一個人或幾個家人自己關起門來煩惱，和專家談談，再一起做出最合適的決定吧！

日本照護保險的運作結構

社會全體對需要照護的本人及其家屬提供支援的制度

(一)所謂照護保險

照護必須支出各種費用，在日本，這些費用由 40 歲以上國民繳納的照護保險費，以及各行政自治體的稅金共同負擔，對需要照護的本人及其家屬提供照護服務，這就是照護保險。

照護保險服務的對象為 65 歲以上之第一號被保險人，以及加入醫療保險的 40 歲以上、65 歲以下之第二號被保險人。照護保險費的徵收金額，視各自治體而異，原則上，照護服務的利用者必須自行負擔服務的 1~2 成費用，差額則由照護保險支應。

● 照護保險的運作結構

保險者（鄉鎮市等自治體）

經營照護保險制度，包括交付保險證、徵收保險費、進行照護評估等等。

加入者（被保險者）

加入照護保險制度、繳納保險費。一旦通過照護評估，得選擇照護機構，使用照護服務。

繳納照護保險費

進行照護評估、交付被保險者證

支付 8~9 成的照護費用

國民健康保險團體聯合會

申請 8~9 成的照護費用

締結契約，進行照護服務

使用照護服務，支付個人部分負擔（1~2 成照護費用）

照護機構

與使用者締結契約，根據照護計畫履行服務。

(二)照護保險給付的申請作業

有照護保險服務需求者，應洽詢行政機關，接受資格評估。首先，請持照護保險的保險證到鄉鎮市公所之照護保險窗口，完成申請手續。本人無法親自申請時，可委託家屬等人代為申請。經過評估員進行審核調查以後，再交由醫療、社福等專家進行評估判斷，然後做出照護需求等級評估通知。

●照護需求評估作業流程

①照護需求評估申請

前往居住所在地的鄉鎮市公所之照護保險窗口，進行申請。家屬、照護管理師（care manager，譯註）、地方支援中心等也可代為申請。申請書可直接從網路下載。
【申請的必要文件】
要照護・要支援認定申請書、照護保險證、印鑑等。

②審核調查（訪問調查、主治醫師的意見書）

評估員前往申請個案的家中或入住的醫院進行訪問，就照護的必要性進行調查。訪查時間約 1~2 小時。訪查當日，與個案同住的家人最好陪同在場。

此外，徵詢個案就近熟識的醫師做為該照護保險的主治醫師，進行個案的生活機能評估，並完成意見書。

③審核・判定

第 1 次判定是將「認定調查票」和主治醫師的意見書，交由全國統一的系統進行判定。

第 2 次判定則以第 1 次判定的結果為基礎，由保健、醫療、社福的專家所組成之照護認定審查會，進行個案的狀態判定，以及照護需求等級評估。

④認定・通知

基本上，認定結果會在申請後 30 天以內發出通知，郵遞寄送「認定結果通知書」與「被保險者證」，裡面清楚註明照護需求等級。

●照護需求等級評估

不適用（自主）……可自理日常生活行為，無照護之必要。

要支援 1……可自理飲食、如廁等日常生活行為，但有必要給予預防性的照護支援。

要支援 2……需要支援一部分日常生活行為，透過支援可望改善其健康狀況。

要照護 1……站立起身或步行等行動不穩定，有必要給予部分日常生活的支援。

要照護 2……無法自行站立起身或步行，如廁或沐浴也有部分或完全協助之必要。

要照護 3……站立起身、步行、如廁、沐浴、更衣等幾乎需要全面協助。

要照護 4……如果沒有協助，日常生活會有困難。

要照護 5……如果沒有協助，幾乎不可能過日常生活。

譯註：日本長照體系的把關者，本身必須具備醫療相關系所的學歷和 5 年相關工作經驗。收到個案的申請書以後，負起個案評估的責任，評估個案的活動功能等；之後進行團隊討論，擬定個案所需資源和照護服務之完整計畫，並將此計畫案與個案及其家人共同討論，每 6 個月至個案家中進行複評。台灣目前則由「個案管理師」負責以上工作。

照護保險服務的內容

視照護需求程度的不同，服務內容也不一樣

(一) 在宅服務 要支援 1～2 要照護 1～5

在自家接受照護服務，內容包括訪視照護、訪視沐浴照護等，目的是協助被保險人盡可能在家自理生活。

訪視照護（居家服務）
看護前往個案家中，協助沐浴、飲食、如廁等的照護，以及做飯、洗滌、環境清潔等日常起居的支援工作。

訪視沐浴照護
提供不方便在家沐浴者使用。行動式沐浴車會開到個案家中，由專業員工協助沐浴。

訪視看護（居家護理）
根據醫師的指示，由保健師或看護師到個案家中訪視，對健康管理和療養等提供必要的輔助診療。

訪視復健（居家復健）
提供無法往返醫院或復健機構的個案使用。物理治療師、職能治療師等根據醫師的指示，前往個案家中協助進行復健。

居家療養管理指導
協助無法往返醫院的人在家療養。醫師、藥劑師、營養師等到個案家中訪視，進行療養上的管理指導。

(二) 往返機構接受服務 要支援 1～2 要照護 1～5

個案直接前往機構接受服務，內容包括機構照護、機構復健等。基本上，機構會負責交通接送。

往返照護機構（日間照顧中心）
在設備充足的環境下，給予日間的舒適照顧。內容包括沐浴、飲食等日常起居協助、生活機能訓練、休閒娛樂等。

往返復建機構（日間照顧）
銀髮族照護機構或醫療機構的日間服務。由物理治療師、職能治療師等根據醫師的指示，對個案進行語言聽力治療等的復健。

短期入住照護（喘息服務）
短期入住特別養護中心等社福機構，或銀髮族照護保健機構等的服務。提供沐浴、飲食等日常起居照護協助、生活機能訓練等等。

特定機構入住照護（住宿型機構）
暫時入住照護保險指定之付費安養機構或養護中心（低收費安養機構）等，提供沐浴、飲食等日常起居協助、生活機能訓練等等。

(三)要照護者的機構住宿服務 要照護 1～5

由老人長期照顧機構、老人保健機構等提供相關服務,但是對象僅限於「要照護」的1~5 級,「要支援」的個案基本上是不符合利用資格的。

特別養護老人之家（老人長期照顧機構）

也就是所謂的特別養護老人之家,這項服務只針對失智症、臥床不起等,需要經常有人照顧、但家中無法勝任的個案。老人家可以在此受到生活起居和復健等的全面照顧。

老人保健機構

以狀況較為穩定的年長者為對象,進行有助生活自主的復健工作等,服務目的在於協助個案康復,以早日返家,先以長期入住為原則。

照護療養型醫療機構

主要針對狀況穩定,但是必須長期療養而不克回家的年長者。服務以早日回歸家庭生活為目標,對入住者進行機能回復訓練等（預計2018 年廢除）。

(四)社區式照護服務

除了在家或是在機構接受服務以外,社區也配合年長者的需求提供各項服務。機構的設施不同,利用條件也不一樣,可以個別諮詢了解。

夜間訪視照護

定時巡訪、通報的夜間訪視照護服務。照護時間最長可允許從下午6 點到隔日早上8 點鐘。

失智症日間照顧

以失智症患者為對象的日托服務。提供日常起居的照護、復健、健康狀態的確認等服務。

小規模多機能型居家照護

以日間照顧為主,視個案狀況,彈性配合喘息服務、訪視照護等服務。

社區型特定機構之住宿照護

限定入住29 人以下之小規模收費安養院、低收費之老人之家等,提供飲食、沐浴等生活起居之協助。

複合型服務

訪視服務、日間照顧、短期入住、定期巡訪等的多重服務型態組合。

(五)照護輔具服務

照護輔具的租用或購買費用,會因為照護需求程度的不同而異,應事先了解再善加利用。

福利輔具的租用

提供福利輔具的租借服務。包括扶手、斜坡板、助行器、拐杖、輪椅及其附屬品,特殊睡床及其附屬品、預防褥瘡相關輔具、體位轉換機、移動用升降機、自動排泄處理裝置等等。

特定福利輔具的購買

提供福利輔具的購買服務。條件是必須在指定商店或事業處購買。坐式便座、自動排泄處理裝置的零件更換、沐浴相關輔具、簡易浴缸等。

居家無障礙空間修繕服務

支付居家無障礙空間修繕費用。若是獲得屋主的許可,租屋也可以享有服務。
修繕內容包括設置扶手、消除地面高低差、更換地板材料、更換門板、更換便座等。

照護輔具的種類

配合年長者的個人需求，選擇切合的輔具

(一)配合各級照護需求的輔具一覽

	要支援 1・2	要照護 1	要照護 2
必要的協助	・外出時視需要隨行 ・協助更衣 ・失禁的處理	● 部分協助 ・外出時隨行 ・協助步行 ・協助入浴 ・協助更衣 ・視需要協助如廁	・協助洗臉 ・協助洗手
寢臥相關	・加裝安全扶手的床	・加裝安全扶手或護欄的床	床
移動相關	・步行用拐杖 ・電動輪椅	・步行用的各種拐杖 ・電動輪椅 ・室內助行器 ・在必要處裝置扶手 ・斜坡板	電動輪椅　室內助行器
沐浴相關	・浴室防滑扶手、踏腳台 ・防滑墊	・洗澡椅 ・移轉位洗澡椅	洗澡椅
如廁相關	・坐式馬桶 ・集尿器 ・紙尿褲（復健用）	・坐式馬桶 ・移轉位扶手 ・坐式蹲式交換式便座 ・溫水便座 ・集尿器 ・紙尿褲（復健用）	坐式蹲式 交換便座

照護輔具的種類五花八門，配合年長者的個人需求選擇合用的輔具，不僅可以節省許多勞力付出，也能夠顧及照護的安全性。照護用品的價格往往比較高，但如果懂得善加利用，則無論是年長者或照護者都得以獲得更安全、安心的照護品質。以下是主要的照護輔具介紹。

要照護 3	要照護 4	要照護 5
● 幾乎需要全面協助 ・協助更衣 ・協助飲食 ・坐輪椅的全程照護 ・協助如廁 ・協助移轉位使用便盆椅	・協助沐浴 ・褥瘡的預防	● 全面照護 ・褥瘡的預防、睡床上的體位變換 ・協助更衣 ・協助飲食 ・坐輪椅的全程照護 ・協助如廁

・裝置安全扶手或護欄的床
・搖桿床
・電動床
・防褥瘡氣墊床墊
・翻身輔助軟墊
・

防褥瘡氣墊床墊

翻身輔助軟墊

・輪椅
・電動輪椅
・室內、走廊、廁所、浴室的扶手
・安全扶手
・移位腰帶

輪椅

安全扶手

移位腰帶

・升降式洗澡架
・入浴用扶手
・系統式疏水防滑浴室地墊

系統式疏水防滑浴室地墊

升降式洗澡架

入浴用扶手

・便盆椅
・尿壺、插入式便器
・集尿器
・紙尿布

男用尿壺

女用尿壺

插入式便器

床的選擇

盡量選擇寬度夠、可加裝安全扶手的床

對接受照護的老人家來說，床鋪是日常作息十分重要的空間。除了提供舒適的睡眠之外，它往往也是進食、更衣等生活行為進行的場所。有鑑於此，床鋪除了必須合於使用者的體格之外，還要充分考慮其機能性，慎選適用者。

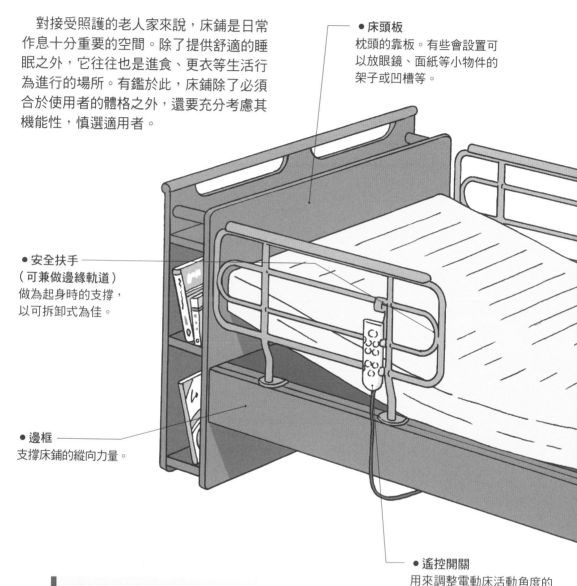

● 床頭板
枕頭的靠板。有些會設置可以放眼鏡、面紙等小物件的架子或凹槽等。

● 安全扶手
（可兼做邊緣軌道）
做為起身時的支撐，以可拆卸式為佳。

● 邊框
支撐床鋪的縱向力量。

● 遙控開關
用來調整電動床活動角度的控制器。

輔助動作的安全扶手

從床上起身，還是從椅子或輪椅上移轉位到床上時，不可欠缺的輔助扶手。即便是目前自主程度高的年長者，將來仍可能用得上，因此購買時，宜選擇附有扶手的床，或日後方便加裝扶手的款式。

床鋪下方有必要預留空間

一般的床板下方通常裝設抽屜，或是用側板封起來。使用這樣的床，腳無法伸進床底下的空間，在起床或有突發狀況時，可能妨礙動作進行。

床的寬度

醫療機構所使用的床鋪，為方便醫師或護理師的診療照顧，所以床身比較狹窄。但如果是在家照護用的床鋪，考慮到翻身、起床等動作的需求，床面應至少有 100 公分寬。

床墊的硬度

一般認為柔軟的床鋪睡起來似乎比較舒適，但是對活動機能正常的年長者來說，睡在身體會下陷的軟床墊反而不舒服。應選擇厚度約 5~6 公分的硬床墊較為理想。

床鋪和地鋪哪一種好？

居家照護時，如果起身困難，或必須使用輪椅，睡床鋪確實好處多多。但是，能夠自己從地鋪起身、保有正常身體機能的年長者，倒不必勉強換床睡。一來是尊重本人的生活習慣，另一方面也是有助維持身體機能，而這同樣是照護的重要一環。

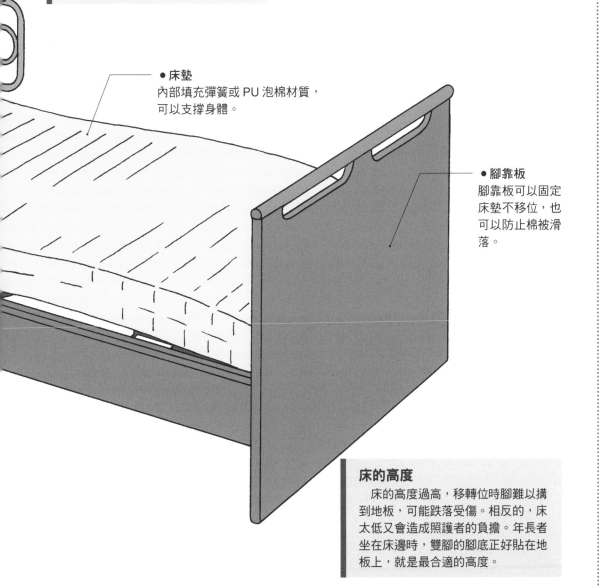

● 床墊
內部填充彈簧或 PU 泡棉材質，可以支撐身體。

● 腳靠板
腳靠板可以固定床墊不移位，也可以防止棉被滑落。

床的高度

床的高度過高，移轉位時腳難以搆到地板，可能跌落受傷。相反的，床太低又會造成照護者的負擔。年長者坐在床邊時，雙腳的腳底正好貼在地板上，就是最合適的高度。

絕對不可默不作聲

　　關於照護，除了事先做好心理準備，並且充實有助於事半功倍的要領以外，還有一些「不該做的事＝NG」，必須要盡可能避免。本書將會在接下來逐一說明。

　　出聲提示可以讓照護者與受照顧者之間溝通順暢，給予雙方良好的鼓舞。然而，照護時間一久，很多事情都會變得制式化，逐漸成為「無言的照護者」大有人在。或許是因為太專注於照護的動作，沒有餘力分心說話，不過這卻可能傷害長輩的尊嚴，是十分危險的行為。

　　請試想一下，如果有人默不吭聲的忽然碰你，你是否會感到吃驚又氣憤？受照護的長輩也是一樣的。連知會一聲也沒有，就被當作東西拉過來扯過去，心理上必定會受到很大的打擊。有的人甚至因此心情鬱悶、健康惡化。

　　另一方面，照護者如果已經窮於應付，累到連出聲提示的力氣也沒有，那麼萬一遇到重大狀況，恐怕也無法做出正確反應。所以說，進行照護動作時，無論在任何情況下，都必定要出聲提示才可以。

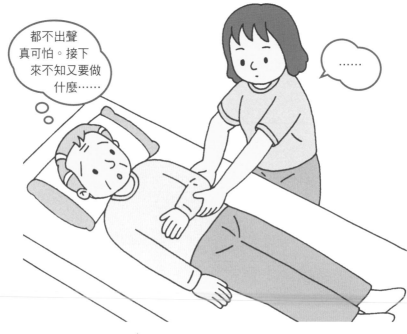

都不出聲真可怕。接下來不知又要做什麼……

……

第2章

照護的
基礎知識

照護是需要相當體力的作業，即使是有經驗的專業人員也難免腰痠背痛。本章要傳授「如何不使蠻力就能平穩操作」的照護基本技巧。

張開雙足降低重心

雙腿盡量打開，腰部放低，將重心置於底盤，形成穩定支撐的力量

人體力學是指人體的姿勢以及活動時骨骼、關節、肌肉等的力學作用關係。照護者在操作移動、體位變換等動作時，如果懂得把握人體力學的特性，可以減輕自身的負擔，讓照護更安全有效率。

(一)盡可能擴大支撐的底面積

所謂支撐的底面積，就是做任何支撐時，位於基底部的面積。比方說，同樣是站立，雙腳打開，就比雙腳併攏站得更穩；而同樣是雙腳打開站立，一腳前一腳後，又比雙腳平行站立更穩定。

●雙腳如平常站立（底面積狹小）

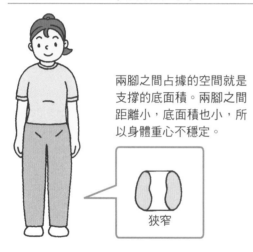

兩腳之間占據的空間就是支撐的底面積。兩腳之間距離小，底面積也小，所以身體重心不穩定。

狹窄

●雙腳打開（底面積變大）

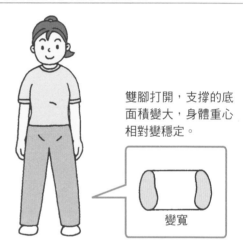

雙腳打開，支撐的底面積變大，身體重心相對變穩定。

變寬

●拐杖支撐（底面積變得更大）

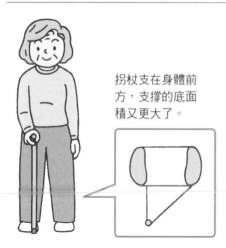

拐杖支在身體前方，支撐的底面積又更大了。

擴大支撐的基底面積，不只是可以穩定照護者的身體重心，在預防年長者跌倒等的安全層面上，也發揮作用。

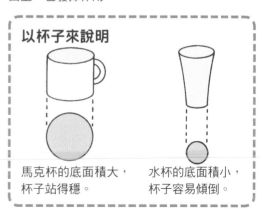

以杯子來說明

馬克杯的底面積大，杯子站得穩。

水杯的底面積小，杯子容易傾倒。

(二)腰部放低，穩定身體下盤

站立的時候，人體的重心大約在腰部。腰部放低，重心相對穩定。雙腳打開，可

加大支撐的底面積；再放低腰部，重心又更平穩，雙重加強照護的安全性。

●普通的直立狀態（重心高）

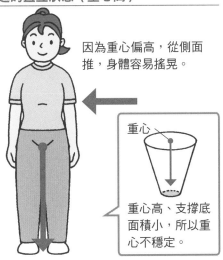

因為重心偏高，從側面推，身體容易搖晃。

重心

重心高、支撐底面積小，所以重心不穩定。

●腰部放低站立（重心低）

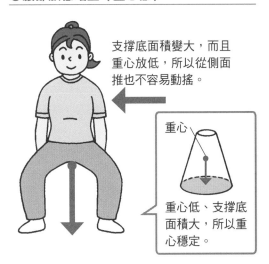

支撐底面積變大，而且重心放低，所以從側面推也不容易動搖。

重心

重心低、支撐底面積大，所以重心穩定。

(三)支撐底面積與重心的關係

進行某些動作時，縮小身體的支撐底面積，可以方便活動，讓照護變得容易。

例如，從椅子上站起來的時候，腳稍微向後收，縮小支撐底面積，身體就容易站起來。

●就坐時腳向前伸（加大支撐底面積）

雙腳向前伸，加大了支撐底面積，有助於穩定坐姿，但是不利於站起身。

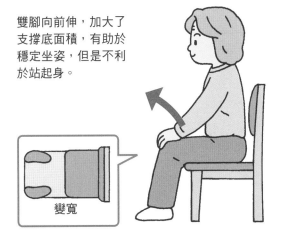

變寬

●就坐時腳向後收（縮小支撐底面積）

雙腳向後收，縮小了支撐底面積，不利於穩定坐姿，但是方便站起身。

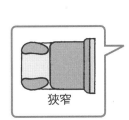

狹窄

利用力矩好做事

應用槓桿原理,四兩能撥千斤重

(一)盡量遠離支點就可以輕鬆省力

所謂力矩,就是作用力促使物體繞著轉軸或支點轉動的趨向。身邊經常可見的生活實例,當屬「槓桿原理」。

支撐棒子的支點與施加壓力的施力點,兩者如果距離短,那就要耗費較大的力氣才能夠把物體舉起;相反的,兩者如果距離長,只要些微力量就可以把物體舉起。

將槓桿原理應用在照護動作上,可以減輕身體負擔。

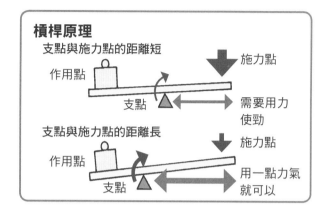

槓桿原理

支點與施力點的距離短

作用點　　施力點

支點　　需要用力使勁

支點與施力點的距離長

作用點　　施力點

支點　　用一點力氣就可以

翻身照護時

●膝蓋壓低(力矩大)

膝蓋不夠高時,支點與施力點之間的距離變短,必須用力將身體往前拉起。

年長者的膝蓋是施力點,和地面接觸的部位是支點。

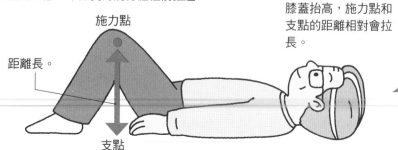

施力點

距離短。

支點

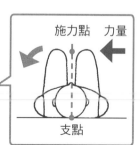

施力點　力量

支點

●膝蓋抬高(力矩小)

協助翻身時,把膝蓋抬高,可以拉長支點與施力點的距離,不必費力將身體往前拉起。

膝蓋抬高,施力點和支點的距離相對會拉長。

施力點

距離長。

支點

施力點　力量

支點

第2章　照護的基礎知識

(二)搬重物時，物體越貼近身體越省力

抬起重物時，物體距離身體越遠，力矩越長，身體負擔越大。將物體貼近身體，力矩變短，就可以輕鬆抬起。

抬起重物時

●重物遠離身體

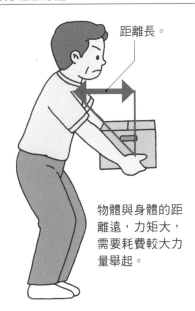

距離長。

物體與身體的距離遠，力矩大，需要耗費較大力量舉起。

●重物貼近身體

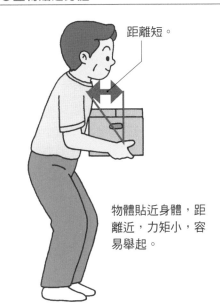

距離短。

物體貼近身體，距離近，力矩小，容易舉起。

●盡可能貼近身體進行照護

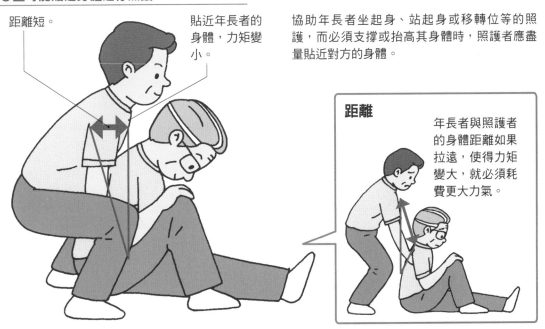

距離短。

貼近年長者的身體，力矩變小。

協助年長者坐起身、站起身或移轉位等的照護，而必須支撐或抬高其身體時，照護者應盡量貼近對方的身體。

距離

年長者與照護者的身體距離如果拉遠，使得力矩變大，就必須耗費更大力氣。

縮小身體，減少摩擦

減少接觸面積，不分散體重

(一)減少與地面或床面的摩擦

所謂摩擦力，就是物體移動時，物體與物體之間的接觸面所產生的阻力。照護遇到從床上或地面起身，還是移轉位時，如果能夠降低摩擦力，照護者就可以更輕鬆省力。

● 減少與床鋪的接觸面積

進行起身（請參照第 76 頁）等必須移動身體的照護時，只要豎起兩膝蓋，加大兩腿與床鋪之間懸空的空間，縮小身體接觸床鋪的面積，就可以減少摩擦力。

豎起兩膝蓋，縮小身體接觸床鋪的面積。

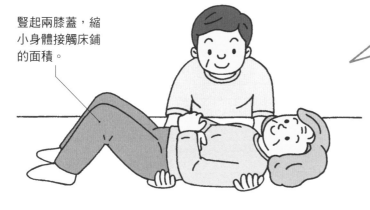

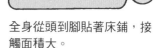

● 不屈膝時

全身從頭到腳貼著床鋪，接觸面積大。

● 屈膝時

下半身只有腳底接觸床面，接觸面積小，自然降低摩擦力。

● 使用能降低摩擦力的移位滑墊

坊間有搬運移位滑墊，專門用於床上搬運等移轉位時減少摩擦力。利用這樣的滑墊移動年長者，可以省力許多。

移動前，先把搬運移位滑墊墊在年長者的身體下方，再請對方縮小身體。

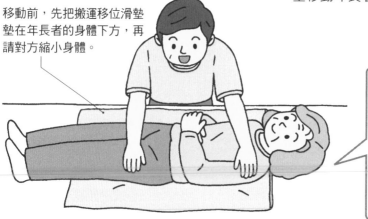

呈袋狀的搬運移位滑墊，以表面材質光滑的尼龍等化學纖維製成。

(二)手腳交疊，縮小身體

　　移動同樣重量的物體時，體積小的會比體積大的容易搬移。

　　移動躺臥的年長者也一樣。參照右圖可知道，人的手腳比想像中重得多，所以請老人家手腳交疊，把身體縮小，搬動起來更容易。

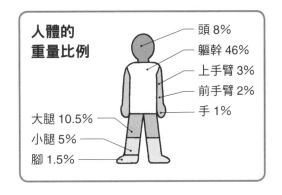

人體的重量比例

- 頭 8%
- 軀幹 46%
- 上手臂 3%
- 前手臂 2%
- 手 1%
- 大腿 10.5%
- 小腿 5%
- 腳 1.5%

●躺臥時打開手腳

以 50 公斤的人為例，一條手臂就有 3 公斤重，一條腿更有 8.5 公斤。

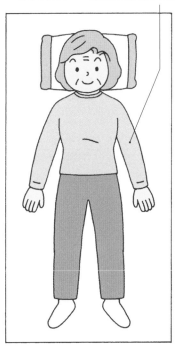

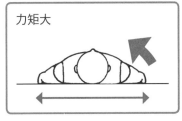

力矩大

　　打開雙手雙腳，讓四肢向身體外側伸展，則重量分散，進行翻身等動作時，需要花費更多力氣。

●躺臥時交叉手腳

雙手環抱胸前，做不到的人，單手放在胸前也可以。

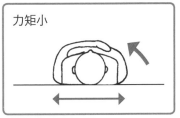

力矩小

　　雙手環抱胸前，雙腿沿著身體的中心線交疊，把分散的重量集中起來，就容易搬動。

善於移轉重心，保持動作平穩
不扭轉身體，重心朝移動方向輕鬆滑動

（一）善用重心，減輕腰部負擔

體格上的差異，往往會讓相對瘦小的照護者不自覺使出蠻力。過度依賴慣性法則的作用，對年長者和照護者來說都有危險（請參照第 54 頁）。進行動作時，將意識放在身體重心，可以減輕腰部負擔，令動作平穩進行。

協助坐起身時

請年長者雙手抱胸後，照護者先不要想著把對方的身體扶起來，而是把意識放在自己的腰部。

年長者保持雙手抱胸的姿勢，照護者橫向滑動自己的腰部重心，自然就坐起來了。

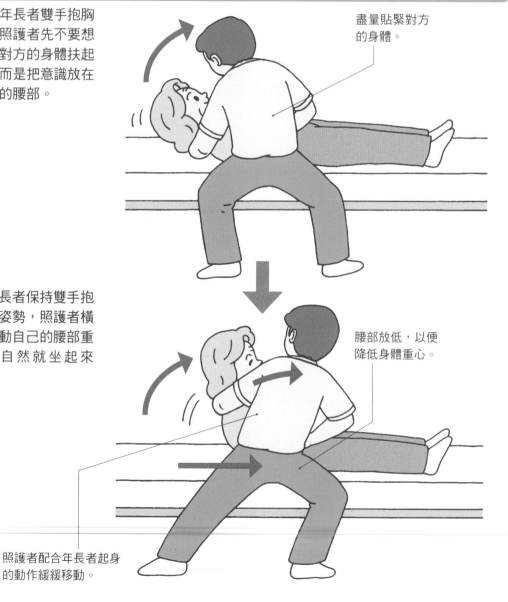

盡量貼緊對方的身體。

腰部放低，以便降低身體重心。

照護者配合年長者起身的動作緩緩移動。

(二)不扭轉腰，正面朝移動方向旋轉

照護的動作並非直線運動，進行轉身的圓形運動時，照護者的雙腳往往固定不動，只扭轉身體，這樣做容易造成自己的腰部傷害。

進行圓形運動時，身體要正面對著移動方向，不扭轉腰部。

從床上移轉位到輪椅上

●一面支撐，一面和他一起旋轉

年長者要移轉位到輪椅時，首先讓他上半身保持平穩，雙腳慢慢轉向輪椅側。照護者配合年長者的動作轉身，不扭轉腰，一樣可以變換方向。

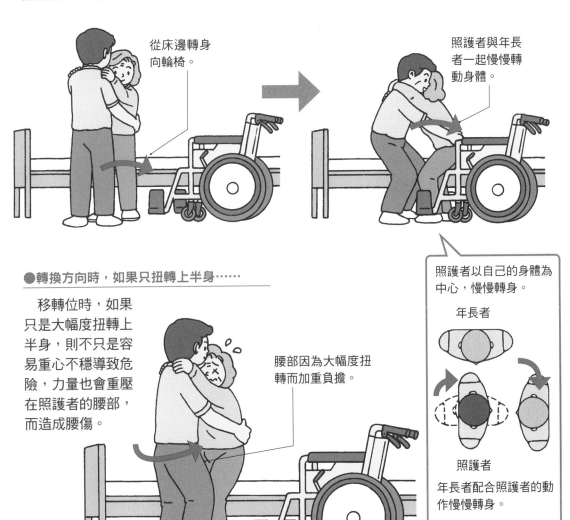

從床邊轉身向輪椅。

照護者與年長者一起慢慢轉動身體。

●轉換方向時，如果只扭轉上半身……

移轉位時，如果只是大幅度扭轉上半身，則不只是容易重心不穩導致危險，力量也會重壓在照護者的腰部，而造成腰傷。

腰部因為大幅度扭轉而加重負擔。

照護者以自己的身體為中心，慢慢轉身。

年長者

照護者

年長者配合照護者的動作慢慢轉身。

善於移轉重心，保持動作平穩

55

動作不可太急太猛

慣性法則力量過大，可能引發危險

(一)動作太急太猛，最容易造成意外和傷害

搭車的時候，遇到冷不防的緊急剎車，身體會不由自主的朝車子行進的方向衝出去。這就是「活動的物體，具有保持原來運動狀態」的慣性法則。

照護過程中，慣性法則經常被拿來加以利用，不過它並不是沒有危險性。動作太快太猛，不只是中途無法控制，也可能弄痛身體或重心失去平衡。

●從床上起身時，如果使用猛力……

協助躺臥的年長者坐起身，如果使力過猛，被強翻起來的上半身無法停在適當的角度上，可能造成疼痛。

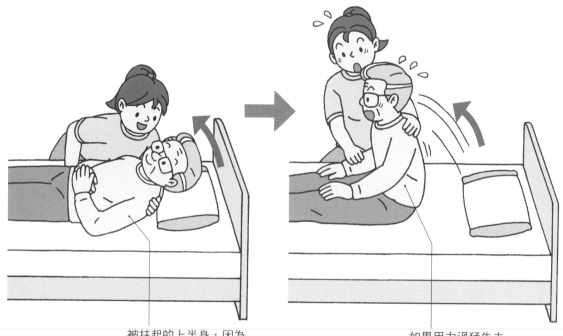

被扶起的上半身，因為慣性法則的作用，會慢慢坐起來。

如果用力過猛失去平衡，可能造成對方腰痛。

第 2 章　照護的基礎知識

(二)動作盡可能分解進行

要預防慣性法則應用不當造成意外，方法就是將動作分解進行。例如，把翻身的連續動作分解成 4 步驟，有意識的分段操作每 1 步驟，就可以安全而有效率的運用慣性法則。

●協助翻身時

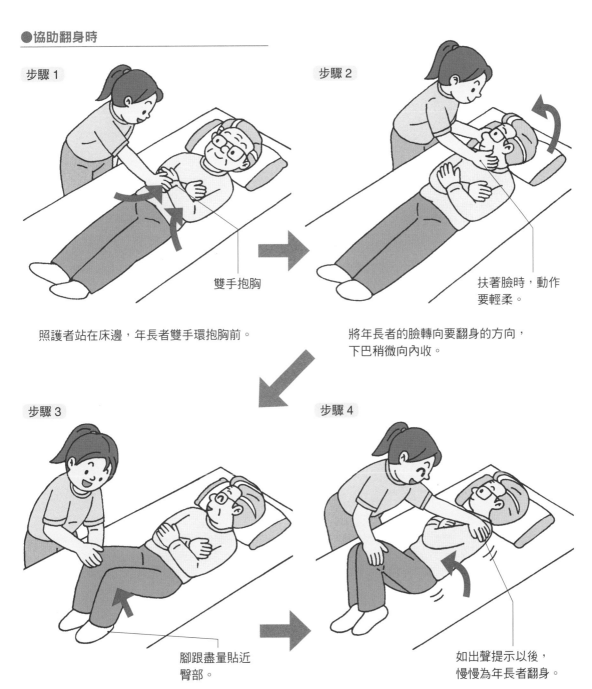

步驟 1

雙手抱胸

照護者站在床邊，年長者雙手環抱胸前。

步驟 2

扶著臉時，動作要輕柔。

將年長者的臉轉向要翻身的方向，下巴稍微向內收。

步驟 3

腳跟盡量貼近臀部。

照護者的手撐在膝蓋後側，讓他把膝蓋立起來。

步驟 4

如出聲提示以後，慢慢為年長者翻身。

扶著肩膀和膝蓋，輕輕向前扳動。

不可緊貼對方的臉或身體說話

採取照護動作之前，務必先說明接下來所要進行的動作目的和內容。讓年長者充分明白，自然就會樂於配合，因此說話的時候應該看著對方的臉，口齒要清晰。

要注意的是，如果想要傳達的意願過於急切，說話時往往不自覺過於貼近老人家的臉或身體，反而令人緊張不安，造成反效果。

除非對方有視覺障礙等特別狀況，否則不該從臉部正面近距離貼著老人家說話，因為這麼一來，照護者的臉會完全遮蔽年長者的視線，令人感到緊張壓迫，這樣就無法完成良好的照護。

出聲提示有兩大基本要求，即「兩人視線高度齊平」、「專注看著對方的臉」。除此之外，保持適當的距離也很重要。至於適當的距離是多遠，端看每一位年長者的性格和心理狀態而定。出聲提示的時候，千萬不要忽略了以上要領。

第**3**章

翻身的照護

翻身是照護技巧中最基本的入門功。動作本身雖然十分簡單，但如果偷懶沒做好，可是會造成褥瘡的。請用心修好基本功夫吧！

翻身的基本要領

雙膝立起，雙臂向上高舉，抬起頭和肩膀

STEP 1 雙膝立起

「翻身」這一個簡單的動作，可以分解成：雙膝立起、雙臂向上高舉、抬起頭和肩膀，這3個步驟。只要完成這3個分解步驟，就能夠輕鬆翻身了。

 請開口說 001

現在要翻身囉，請先把兩條腿的膝蓋立起來吧

基本上，照護者應該站在要翻身過來的一側，出聲提示。

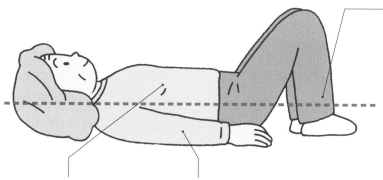

兩膝蓋互相貼齊，兩腳跟盡量貼近臀部。

年長者的身體要像棍子一樣躺直。身體如果彎曲，等一下就不容易翻身。

兩條手臂伸直，貼在身體兩側。

翻身輔助軟墊

年長者肌力不足而難以翻身時，可利用專門協助翻身的軟墊（參照右圖），將它夾在兩個膝蓋之間，身體就會像鐘擺一樣簡單翻轉過來。

翻身輔助軟墊

🚫 NG 動作！

膝蓋高高立起的目的，是要將力矩變小（參照第48頁），並減少身體與床的接觸面積（參照第50頁），變得容易翻身。如果像下圖這樣，膝蓋立得不夠高，翻身就會有困難。

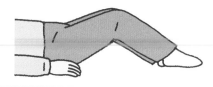

STEP 2 雙臂向上高舉

兩膝蓋立起以後,兩條手臂向天空高高舉起,雙手十指交握。這樣做可以提高重心,讓身體更容易側轉。

🔊 請開口說 002

請把兩條手臂向天空高高舉起來吧

雙手先在胸前十指交握以後,再抬起來也可以。

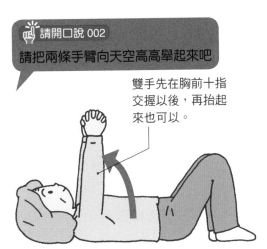

STEP 3 抬起頭和肩膀

抬起頭和肩膀,把背拱起來,這樣身體接觸床的面積又更小了。出聲請老人家「看看自己的肚臍」,也有一樣的效果。

🔊 請開口說 003

請看看自己的肚臍在哪裡

想要看自己的肚臍,頭和肩膀自然就抬起來了。

STEP 4 手臂倒過來

雙手臂往要翻身的方向緩緩倒過來,下半身自然會跟著側轉過來。

🔊 請開口說 004

手臂請向這邊倒過來吧

雙臂倒過來以後,上半身和下半身就呈現反向扭轉。

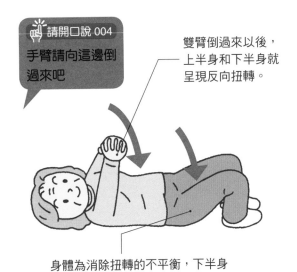

身體為消除扭轉的不平衡,下半身自然會跟著上半身側轉方向。

完成基本動作之後,一根指頭也可以協助翻身

完成「雙膝豎起」、「雙臂向天空高舉」、「抬起頭和肩膀」3 個基本步驟以後,幾乎就等於完成翻身動作了。因為這時候重心提得非常高,與床面的接觸面積也最小,只要施加一點點力量,年長者的身體就會翻轉過去。

翻身的基本要領

半癱的翻身（向癱瘓側）

手扶著立起的膝蓋往前推

 STEP 1 雙手放在肚子上

> 👆 請開口說 005
>
> 要翻身囉，我們把兩手放在肚子上吧

要向癱瘓側翻身時，照護者應該站在癱瘓側。翻身前，先確認年長者的身體躺得筆直。

肩膀或手臂因為攣縮而疼痛時，只要做到能力可及的範圍便可。

照護者應該站在癱瘓側，並出聲提示年長者。

要轉過來的那一邊預留寬敞的空間，有助於翻身的進行。

這樣也 OK！

正常手抓住癱瘓的手，放在肚子上也可以。

安全 CHECK

長時間臥床的年長者，床鋪和棉被周圍往往放了手機、書本等物品。這些東西不只妨礙翻身，還可能滑落到的身體下方，讓他們躺得很不舒服。所以翻身前要整理好床褥周邊，確定沒有雜物。

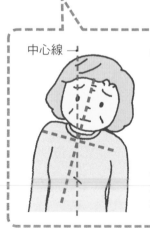

中心線

🚫 NG 動作！

以身體的中心線為準，脖子歪斜或是左右肩不平行，都會妨礙翻身動作。

STEP 2　由非癱瘓側→癱瘓側的順序立起膝蓋

　　出聲提示，讓年長者自己把非癱瘓側的膝蓋立起來。之後，照護者的一手伸進癱瘓側的膝蓋下方，另一手扶住這隻腳的腳底。

　　一手從膝蓋下方把膝蓋輕輕抬起來，另一手扶著腳底，把腳輕輕往臀部推近，這樣一來，癱瘓側的膝蓋也立起來了。

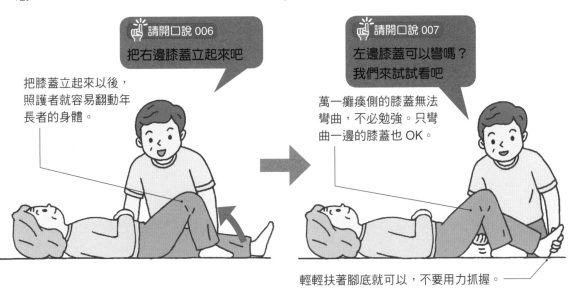

請開口說 006
把右邊膝蓋立起來吧

把膝蓋立起來以後，照護者就容易翻動年長者的身體。

請開口說 007
左邊膝蓋可以彎嗎？
我們來試試看吧

萬一癱瘓側的膝蓋無法彎曲，不必勉強。只彎曲一邊的膝蓋也 OK。

輕輕扶著腳底就可以，不要用力抓握。

STEP 3　把膝蓋和肩膀往前扳過來，完成翻身動作

　　照護者站在年長者的腰邊，手扶在對方立起的膝蓋上，慢慢往自己這邊扳過來。

　　翻過來以後，身體如果躺不穩，請把靠墊或對折的坐墊放在腰部，做為支撐。

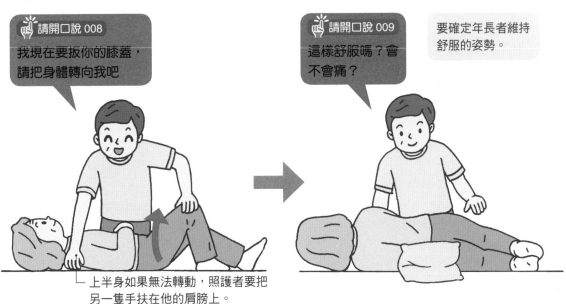

請開口說 008
我現在要扳你的膝蓋，
請把身體轉向我吧

請開口說 009
這樣舒服嗎？會不會痛？

要確定年長者維持舒服的姿勢。

上半身如果無法轉動，照護者要把另一隻手扶在他的肩膀上。

半癱的翻身（向非癱瘓側）

連同癱瘓側都要與身體一同保持筆直

STEP 1 雙手放在肚子上

比照向癱瘓側翻身的要領一樣（參照第60頁），將年長者癱瘓側的手放在肚子上，正常手也一同平放肚子上。

請開口說 010

我們把兩手放在肚子上吧

翻身時，手不要滑下來，所以雙手要在肚子上確實擺好。

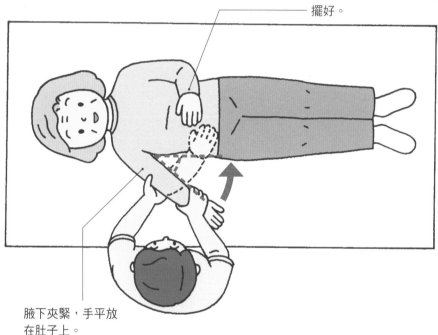

腋下夾緊，手平放在肚子上。

■ 勤翻身防褥瘡

所謂褥瘡，是身體某部位長時間受壓迫，導致血液循環不良，組織壞死。如果持續惡化，症狀很可能擴及全身。

預防褥瘡就要避免長時間壓迫身體的同一部位，因此每2小時左右必須翻身1次。坊間有預防褥瘡的低反彈床墊，可以分散身體易受壓迫部位的壓力，降低罹患褥瘡的風險，不妨多加利用。

可預防褥瘡的氣墊式床墊

第3章 ● 翻身的照護

STEP 2 由癱瘓側→非癱瘓側的順序立起膝蓋

　　照護者要先幫忙把癱瘓側的膝蓋豎起來，方法是手伸進年長者癱瘓側的膝蓋下方，另一手扶住這隻腳的腳底，把膝蓋慢慢抬高。非癱瘓側的膝蓋則盡量讓年長者自己立起來。

請開口說 011
我現在要把你的膝蓋立起來囉

手伸進年長者癱瘓側的膝蓋下方，另一手扶住這隻腳的腳底。

請開口說 012
這邊的膝蓋也要立起來喔你可以自己試試看嗎？

出聲請年長者自己把非癱瘓側的膝蓋立起來。

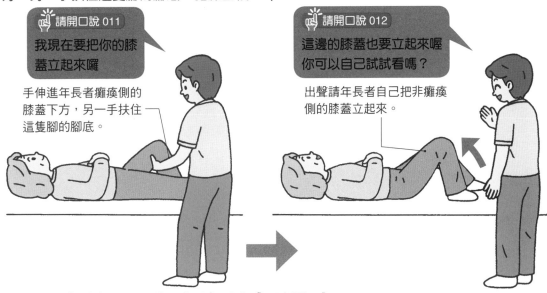

STEP 3 膝蓋和肩膀往前扳過來，完成翻身動作

　　照護者站在年長者的腰邊，出聲提示以後，手扶在對方癱瘓側的膝蓋上，慢慢往自己這邊扳過來。

　　照護者應該留意翻身動作的每一個步驟，注意不要讓年長者又回復到雙手攤開的姿勢。

請開口說 013
可以把身體轉向我嗎？

手放在年長者癱瘓側的膝蓋上，扳向自己。
另一隻手扶在他的肩膀上。

請開口說 014
這樣舒服嗎？有沒有哪裡會痛？

要幫年長者著想，讓他保持輕鬆的姿勢。

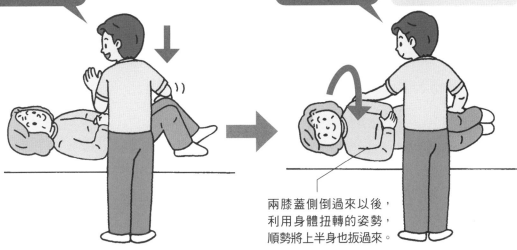

兩膝蓋側倒過來以後，利用身體扭轉的姿勢，順勢將上半身也扳過來。

下半身癱瘓的翻身 照護者

利用年長者自己的力量輕鬆翻身

STEP 1 雙腿交疊

即使是下半身癱瘓的人，只要有效運用上半身的活動力，一樣可以翻身。

照護者站在要轉過來的一側，將年長者這一側的腳踝放在下，另一條腿的腳踝疊在上，雙腳交疊。

請開口說 015

現在要向我這邊翻身囉

一開始出聲提示的同時，就要清楚說明翻身的方向。

頭要擺在身體的中心線上。如果歪斜，記得為他擺正。

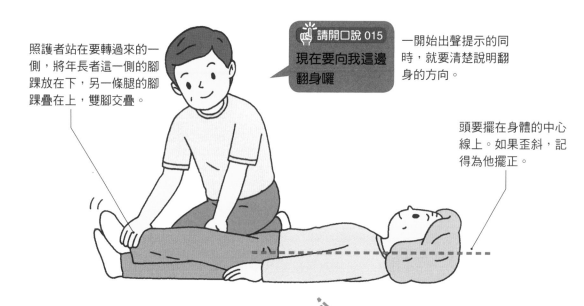

下半身癱瘓的人無法自己交疊雙腿，只要幫他把兩腳踝疊起來就可以了。如果把兩條腿的上下位置疊反了，在上面的那條腿會防礙翻身。

🚫 NG 動作！

以身體的中心線為準，脖子歪斜或是左右肩不平行，都會妨礙翻身動作。

向小嬰兒學翻身

翻身動作包括雙膝豎起、雙臂向上高舉等等（可參照第 58 頁），而要說到輕鬆不費力的翻身，就屬小嬰兒最厲害了。他們只要一扭腰，雙腳交疊，順著腰、手臂、上半身的次序扭轉，就可以把身體翻轉過來。學習小嬰兒這樣扭動上半身，年長者也可以靈活翻身。

第 3 章 ● 翻身的照護

STEP 2 高舉雙臂

雙手十指交扣，雙臂向天空拉直，然後朝翻身的相反方向稍微偏斜。
請年長者抬起頭和肩膀，雙臂向翻身的方向倒下。

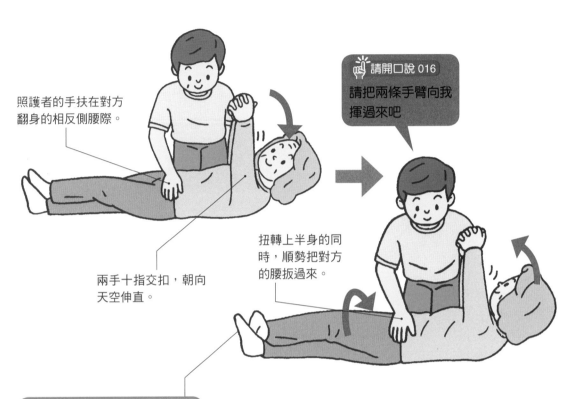

照護者的手扶在對方翻身的相反側腰際。

兩手十指交扣，朝向天空伸直。

扭轉上半身的同時，順勢把對方的腰扳過來。

請開口說 016
請把兩條手臂向我揮過來吧

下半身癱瘓的翻身（照護者）

這樣也 OK

床鋪如果加裝有護欄，抓住護欄可助上半身使力，讓翻身變容易。

STEP 3 完成翻身動作

腰部轉向以後，就完成翻身動作。照護者可以輕輕收回自己的手。

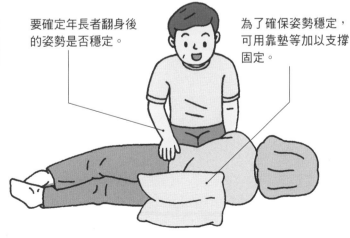

要確定年長者翻身後的姿勢是否穩定。

為了確保姿勢穩定，可用靠墊等加以支撐固定。

67

 # 四肢癱瘓的翻身 照護者

雙腳交疊以後,請年長者抬頭,再將身體往前拉

 ## STEP 1 雙腳交疊

首先將對方的雙腳上下交疊(請參照第64頁)。儘管手腳癱瘓,但是頸背部等仍然有知覺,切不可用力過猛。

照護者站在要轉過來的一側,將對方這一側的腳踝放在下,另一條腿的腳踝疊在上,雙腳交疊。

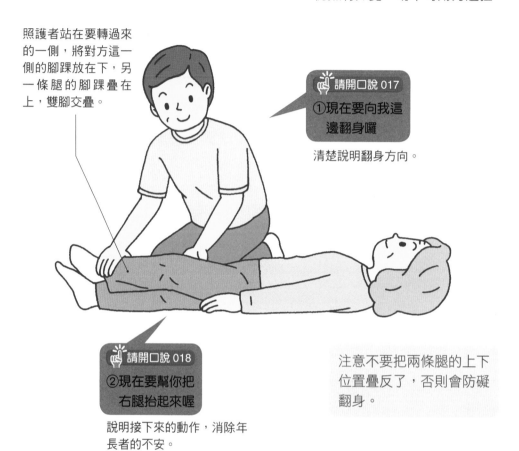

請開口說 017
①現在要向我這邊翻身囉

清楚說明翻身方向。

請開口說 018
②現在要幫你把右腿抬起來喔

說明接下來的動作,消除年長者的不安。

注意不要把兩條腿的上下位置疊反了,否則會防礙翻身。

什麼是四肢癱瘓?

因為腦部功能障礙等緣故,造成雙手雙腿失去知覺,全身無法自主活動,就是四肢癱瘓。四肢癱瘓者幾乎都須要全照護,不過他們的頭部和肩膀也和半癱者一樣,可以自力往上抬高。

對照護者而言,全照護的負擔相對更大,而年長者又多半體力不足,如果想盡量減輕彼此的負擔,就要善用年長者最起碼能夠做到的限度。

癱瘓的部位

半身癱瘓　　四肢癱瘓

STEP 2 雙手放在肚子上

出聲提示後，把對方的雙手放在肚子上。

請開口說 019
我現在要把你的兩隻手放在肚子上囉

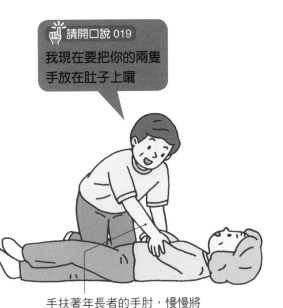

手扶著年長者的手肘，慢慢將他的雙手放在肚子上。

STEP 3 請對方把頭抬高，再將身體向前扳

出聲請對方把自己的頭和肩膀盡量抬高，照護者的手扶在對方的肩膀和腰際，慢慢將他向前扳動。

請開口說 020
請盡量把你的頭和肩膀抬高

出聲提示以後，對方一時也許反應不過來，要耐心等他慢慢開始行動。

能力可以做到的年長者，請他自己把頭抬起來。

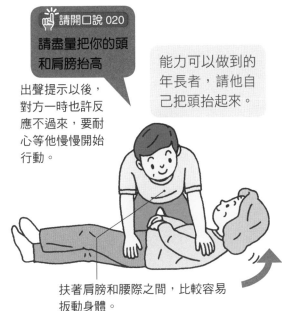

扶著肩膀和腰際之間，比較容易扳動身體。

STEP 4 完成翻身動作

腰部轉向以後，就完成翻身動作，照護者可以輕輕收回自己的手。姿勢如果不夠穩定，可在腰部加靠墊等加以支撐固定。

將年長者的左右手分別放在舒適的位置，直到確定對方的姿勢穩定不搖晃。

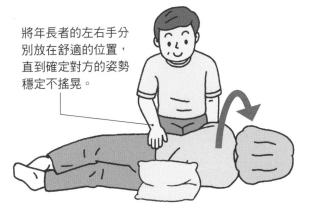

即使四肢癱瘓 還是有可自主活動部位

不要以為四肢癱瘓的人必定全身不能動彈。如果是一般腦血管障礙後遺症造成的四肢癱瘓，還是有可能自己抬起頭和肩膀。臨床上確實有四肢癱瘓的病人，能自行活動頭部和肩膀，每次只要有人來了，病人就會好奇的用力抬頭，想知道是誰，這對頸部和腹部肌肉無疑是很好的強化訓練。

四肢癱瘓的翻身（照護者）

69

腰痛的翻身 照護者

不扭轉身體，以手臂支撐下半身協助翻身

STEP 1 單手放在肚子上

因為罹患腰痛或是類風濕性關節炎等，身體一扭轉就疼痛的人，應協助他們不扭轉身體也能翻身。

照護者站在要轉向的一側，加以協助。

請開口說 021

現在要幫你翻身囉，請先把你的一隻手放在肚子上

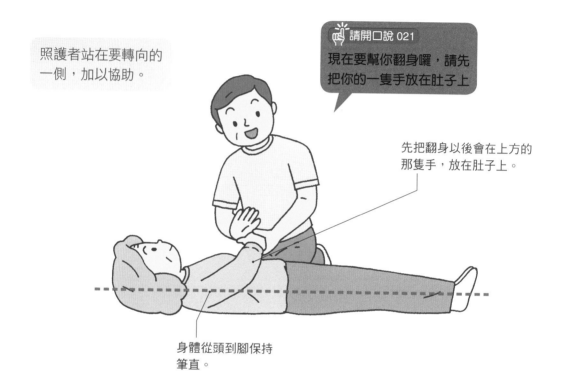

先把翻身以後會在上方的那隻手，放在肚子上。

身體從頭到腳保持筆直。

腿部攣縮的人這麼做！

單腿攣縮的年長者，請他自行活動上半身或是另一隻正常的腿，照護者只要協助攣縮的一條腿即可。

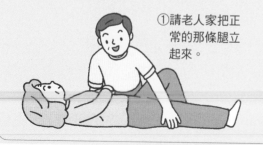

①請老人家把正常的那條腿立起來。

②照護者手扶在攣縮那條腿的膝蓋後方，協助動作。

第 3 章 翻身的照護

STEP 2 膝蓋立起來

照護者一手撐在對方膝蓋下方，另一手扶著腳踝，把兩條腿的膝蓋立起來。

請開口說 022

現在要幫你把兩條腿的膝蓋立起來囉

照護者手撐住年長者膝蓋下方往上抬，將膝蓋立起來。

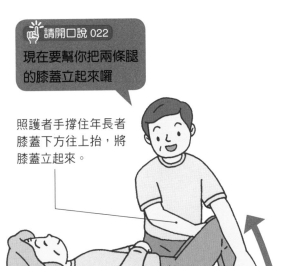

STEP 3 手肘貼在大腿側面

照護者手肘貼在對方的大腿側面，盡量和對方的下半身保持大面積接觸。

請開口說 023

接下來要幫你把身體翻過來喔

注意不扭轉年長者的腰部，照護者自手肘以下的前手臂確實貼著老人家的大腿。

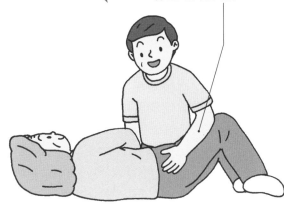

STEP 4 扳動肩膀和大腿

一手的前手臂貼著對方的大腿側，另一手扶著他的肩膀，兩手同時往前扳。

請開口說 024

我們向這面翻過來吧

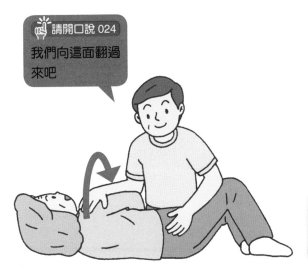

🚫 NG 動作！

不可只扶年長者的膝蓋，否則一扳動就會扭痛對方的腰。務必要將整個前手臂都貼住年長者的大腿側。

請注意，要同時扳動肩膀和大腿，否則會扭轉年長者的腰而造成疼痛。

說話的音量大小、高低、速度都要注意

「我總是很用心的出聲提示年長者，可是他幾乎沒什麼反應，好像聽不懂。」、「我不厭其煩的耐心解釋，可是感覺像雞同鴨講。」如果你也有這樣的困擾，可能要檢討自己說話的音量、速度和聲調的高低。

人一旦上年紀，聽力多少會減退，你也許認為自己已經把要點解釋得很清楚，但是在年長者耳裡聽起來，你就像一個人自言自語，口齒不清。或許你講話很大聲，可是速度像機關槍掃射，年長者根本來不及反應。

根據機構的調查研究，人的實際講話速度遠比自己以為的還要快。所以，你如果感覺對方老是聽不懂你說話，那麼最好請教其他人，看看自己的說話方式是否需要改進。

第 **4** 章

坐起身的照護

年紀一大把，肌肉逐漸衰弱無力，對某些年長者來說，就連起個身都像是萬劫不復的酷刑。但如果習慣了這樣的無力狀態而懶得起身，最後真的會纏綿床榻起不來了。讓我們協助年長者好好起床吧！

起身的基本動作

單腿膝蓋立起來，倒向側面，再用手撐起上半身

STEP 1 單腿膝蓋立起來

年長者的肌肉無力，無法像年輕人一樣，只憑著腹肌和手部力量，就把上半身直線撐起。首先，請對方仰躺，單腿膝蓋立起來。

> 請開口說 025
>
> 我們要坐起來囉，請先把一條腿的膝蓋立起來

把要起身相反側的那條腿的膝蓋立起來，膝蓋彎曲角度大約 90 度。

立起單腿膝蓋，可將力矩變大，同時縮小軀體與床鋪的接觸面積，讓起身更容易。

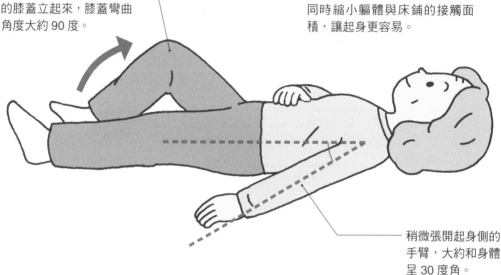

稍微張開起身側的手臂，大約和身體呈 30 度角。

年長者身邊如果放置家電用品的電線、報紙等雜物，會妨礙起身的動作，甚至可能害他打滑摔倒，所以要先清除周邊的雜物。

從上面看

把和立起的膝蓋同一側的手臂放在肚子上。

STEP 2 身體倒向側面

將立起的膝蓋一點一點倒向起身側，上半身也跟著向側面扭轉。

請開口說 026
試試看，把立起來的膝蓋慢慢放倒

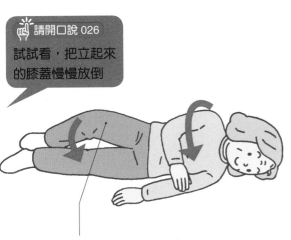

利用膝蓋放倒的力量扭曲上半身，將身體向側面扭轉。

STEP 3 把身體撐起來

兩條手臂屈成〈字型，單手手肘先撐住床面，接著雙手同時將上半身緩緩撐起。

請開口說 027
現在手肘用力，要把身體撐起來喲

以身體下方的手肘為支點，稍微撐起上半身以後，另一隻手也一同使力，把上半身撐起來。

STEP 4 上半身坐起，完成起身動作

兩條手臂伸直以後，撐在床面上的兩個手掌慢慢向身體的中心（腰際）收回來。上半身坐起，緩緩伸直兩條腿。上半身完

全坐直起來，雙手放在大腿上，臉面向正前方。

請開口說 028
可以把上半身慢慢直起來嗎

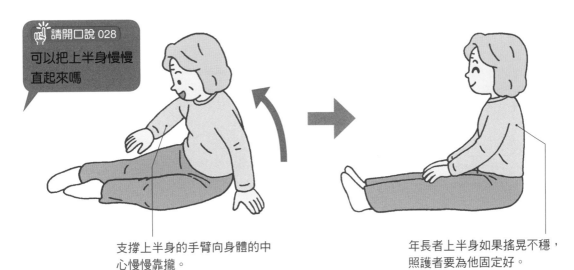

支撐上半身的手臂向身體的中心慢慢靠攏。

年長者上半身如果搖晃不穩，照護者要為他固定好。

起身的基本動作

75

從床上坐起身 本人自主

身體先放偏斜再翻身，雙腳著地

STEP 1 身體放偏斜

想要自己從床上坐起來，只要利用翻身的動作就可以輕鬆辦到。首先，雙腳向床緣方向蹭出去一點點，好讓身體的軸心整個偏斜。

請開口說 029

現在要坐起來囉，請把身體躺斜一邊吧

頭向床的內側偏進去。

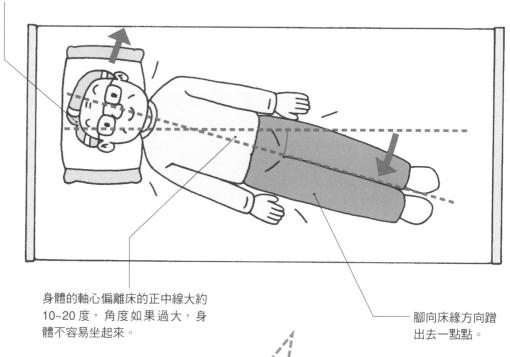

身體的軸心偏離床的正中線大約10~20度，角度如果過大，身體不容易坐起來。

腳向床緣方向蹭出去一點點。

🚫 NG 動作！

要從床上坐起身時，如果床邊防止跌落的護欄不卸下來，老人家的腳就無法搆到地面。所以務必記得先拿掉床邊的護欄。

STEP 2 單腿膝蓋立起來，再翻身

先把位在床內側的那條腿立起來，向床的外側翻身，讓身體側躺。

👆 請開口說 030
現在要向外側翻身囉

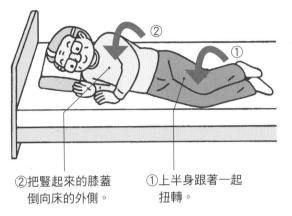

②把豎起來的膝蓋倒向床的外側。

①上半身跟著一起扭轉。

STEP 3 雙腿從床上放下來

兩腿和屁股向床的外側慢慢蹭出去，直到雙腿蹭出床緣，慢慢放到地板上。

👆 請開口說 031
現在請你慢慢把兩條腿放到床外

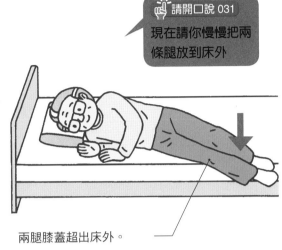

兩腿膝蓋超出床外。

STEP 4 手臂打直，撐起上半身

👆 請開口說 032
現在請用兩手貼著床，把上半身慢慢撐起來

手臂慢慢打直。

兩手貼著床板，手臂一面慢慢打直，一面撐起上半身。等到上半身完全坐直後，身體面向正前方，雙腳貼合到地板。

確定上半身都安穩坐定以後，才可以放開雙手的力量。

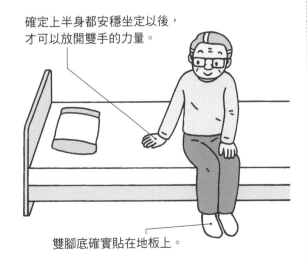

上半身立起來的反作用力，讓雙腿向下移動。

雙腳底確實貼在地板上。

從床上坐起身（本人自主）

77

從床上坐起身 照護者

抱住雙膝與肩膀，半迴轉年長者身體

 ## STEP 1 兩膝蓋立起來

先出聲讓對方知道要坐起身了，然後幫他把兩條腿的膝蓋慢慢立起來。

> 請開口說 033
>
> 我現在要幫你把兩條腿的膝蓋立起來囉

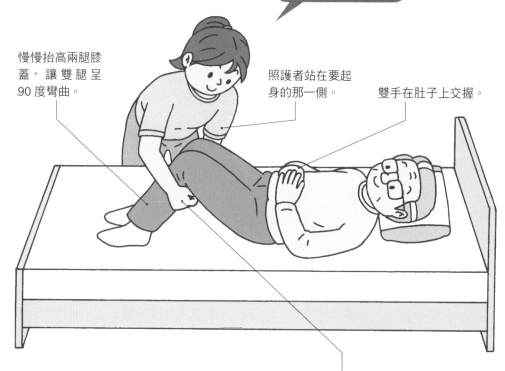

慢慢抬高兩腿膝蓋，讓雙腿呈90度彎曲。

照護者站在要起身的那一側。

雙手在肚子上交握。

坐起身是脫離臥床不起的第一步

雖然從床上坐起身並非難如登天的動作，但是這一姿勢卻具有重大意義。身體如果可以坐起來，就能夠讀書、看電視，也可以看著其他人的臉，面對面說話，這些都能活化大腦的功能。對年長者來說，一開始練習坐起身，可能會感到生不如死的痛苦，但是漸漸的，一天竟能坐上幾個小時沒問題呢！

請注意這裡！

手貼在年長者兩腿膝蓋後方，慢慢把膝蓋托高。不可直接用手抓握。

STEP 2 將臀部移到床緣

輕抬兩腿膝蓋移到床緣，讓年長者的臀部貼近照護者身邊。

請開口說 034
我現在要幫你把屁股挪到床邊喔

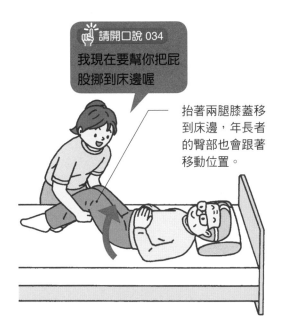

抬著兩腿膝蓋移到床邊，年長者的臀部也會跟著移動位置。

STEP 3 側轉身體

照護者一手環抱對方肩膀，一手環抱膝蓋下方，將年長者的身體往床邊扳過來。

請開口說 035
可以幫我把身體轉向床邊嗎

請確實環抱年長者的肩膀。如果只抱頸部，會搖晃到他的後腦。

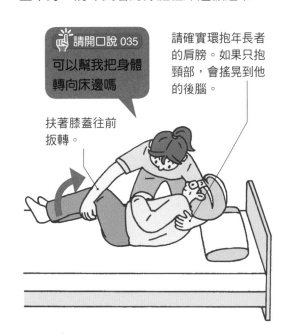

扶著膝蓋往前扳轉。

STEP 4 坐起上半身，放下下半身

以臀部為支點，讓對方慢慢坐起上半身的同時，照護者放開扶住膝蓋的雙手，讓對方把兩腿放到床下。

請開口說 036
現在要把身體坐起來喔

注意不要讓年長者的臀部滑出床外。

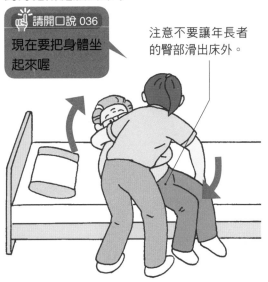

STEP 5 完成坐起身的動作

坐起來以後，要讓對方的肩膀和兩腿有靠，以保持坐姿穩定。

確認兩腳切實踩在地板上，坐姿穩定。

半癱者從地板坐起身（向非癱瘓側）

從側躺姿勢，緩緩起身坐直

STEP 1 雙手放在肚子上

從地板坐起身，基本動作和從床上坐起來是一樣的。照護者先出聲提示，讓對方知道要坐起來了，然後請他把雙手放在肚子上。

請開口說 037

現在要幫你坐起來囉

請年長者用正常手握住癱瘓側的手，照護者要跪在非癱瘓側那一邊。

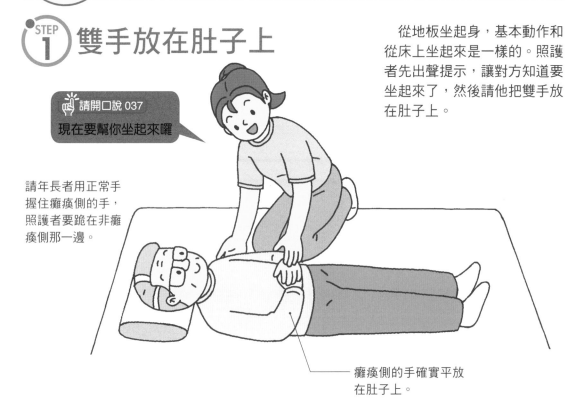

癱瘓側的手確實平放在肚子上。

STEP 2 臉轉向照護者

為了容易翻身側躺，出聲提示年長者把臉轉向照護者。

請開口說 038

可以把臉轉向我嗎

無法自己轉動頭部的年長者，照護者要輕托他的頭，幫他把臉轉過來。

首先把臉側轉過來，等一下比較好翻身，扭轉身體的順序依次是頭→肩→腰。

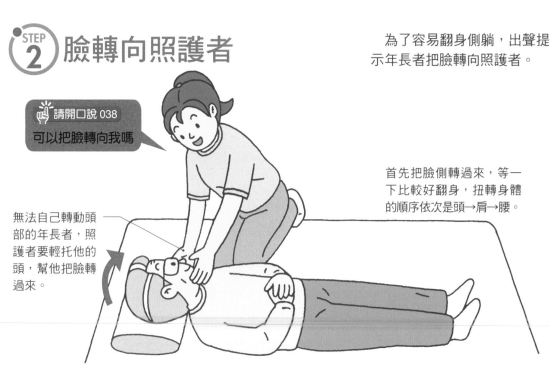

第 4 章 坐起身的照護

STEP 3 兩膝蓋豎起來

出聲提示後，非癱瘓側膝蓋盡量請對方自己立起來。至於癱瘓側膝蓋，則由照護者從膝蓋後側托起來，慢慢往上抬。

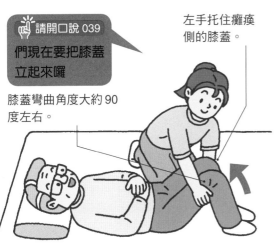

請開口說 039
們現在要把膝蓋立起來囉

膝蓋彎曲角度大約 90 度左右。

左手托住癱瘓側的膝蓋。

STEP 4 身體完全面向照護者

照護者手扶著對方的肩膀和膝蓋，把對方的身體向自己扳轉過來呈側躺姿勢。

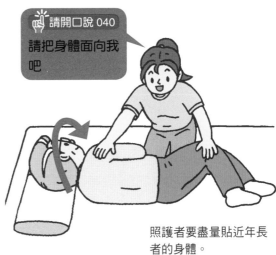

請開口說 040
請把身體面向我吧

照護者要盡量貼近年長者的身體。

STEP 5 身體慢慢坐起來

照護者一手環抱老人家的肩膀，一手扶著腰，把身體貼近對方。環抱肩膀的那條手臂將老人家撐起來，緩緩讓他坐直，待

上半身完全坐起以後，照護者才可以慢慢放開手，讓彎曲的腿伸直。

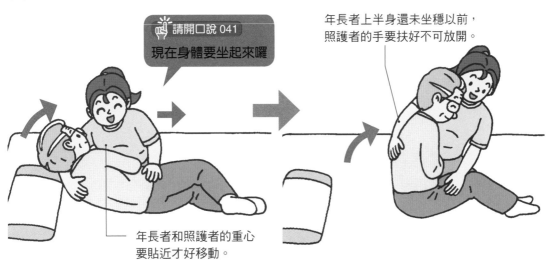

請開口說 041
現在身體要坐起來囉

年長者和照護者的重心要貼近才好移動。

年長者上半身還未坐穩以前，照護者的手要扶好不可放開。

半癱者從地板坐起身（向非癱瘓側‧照護者）

禁止過度的肌膚接觸

　　出聲提示時,為了說明接下來的動作方向,或移動的目標場所,碰觸對方身體或輕拍他的手腳,都是非常好的輔助說明。

　　然而,這樣的肌膚接觸若是沒有拿捏好,卻可能造成反效果。特別是對方為異性的時候,或許會令人感到不舒服或是緊張不安,甚至演變成性騷擾。沐浴、更衣、如廁等需要重視隱私的場合,即便是家人也要有所顧慮。

　　「長輩都喜歡摸摸抱抱。」、「想要表示親近,免不了會有一些肢體碰觸。」、「拍拍長輩只是想要他安心罷了。」這些照護者的認知,未必適用所有的年長者。

　　照護者如果不顧慮對方的個性和狀況,一廂情願的過度表現親密,很可能損害雙方的信賴關係,所以絕對要慎重。

第 5 章

站起身的
照護

可以從睡床上坐起來以後，下一步
就是站立起身了。這一步雖然有點
難度，不過能用自己的雙腳站起
來，行動上又多了更多的選擇，年
長者也更有自信了。

站立起身的基本動作

雙腿稍微向後收，一面鞠躬一面站起來

STEP 1 向下彎腰低頭

人要站起身時，重心必須先往前移動。如果採取彎腰鞠躬的姿勢，就可以自然將重心往前移動。

> 請開口說 042
>
> 現在要站起來囉！可以先彎腰鞠躬嗎

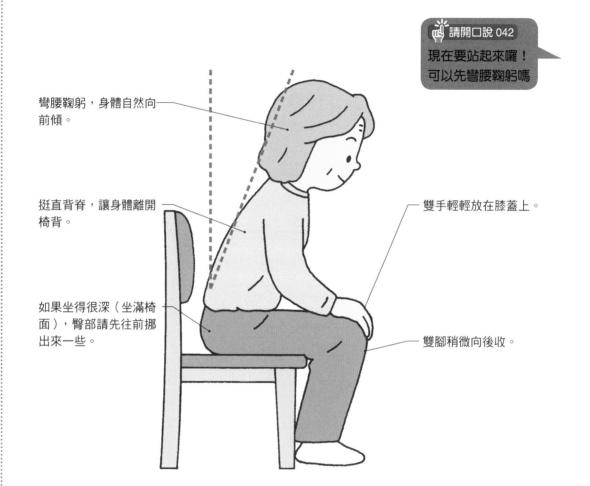

彎腰鞠躬，身體自然向前傾。

挺直背脊，讓身體離開椅背。

如果坐得很深（坐滿椅面），臀部請先往前挪出來一些。

雙手輕輕放在膝蓋上。

雙腳稍微向後收。

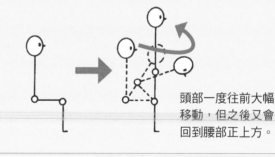

分析站立起身的動作

你或許以為站立起身時，身體是直線往上提起。然而，以頭部為中心分析整個動作過程，會發現它其實是曲線活動。頭部如果直挺挺的往上提起，身體就無法從座位上站起來了。

頭部一度往前大幅移動，但之後又會回到腰部正上方。

第5章 ● 站起身的照護

STEP 2 提起腰部

手仍然貼在膝蓋上，身體深深一鞠躬，讓重心向前移動，腰部自然提起來。

因為重心移到膝蓋，放在膝蓋上的手可以撐住上半身。

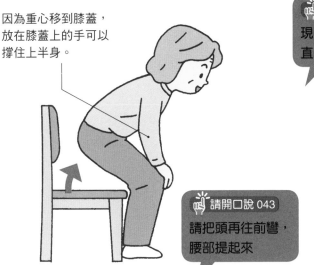

請開口說 043
請把頭再往前彎，腰部提起來

STEP 3 伸直雙膝

腰部提起，重心自然轉移到兩腳，一面平衡身體，一面緩緩把頭抬起來，再把膝蓋打直。

請開口說 044
現在請把膝蓋打直吧

以半彎腰的姿勢，慢慢伸直背脊。

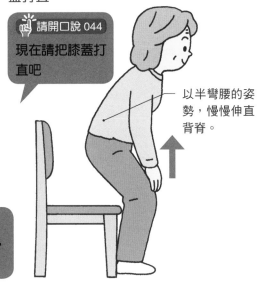

STEP 4 直起上半身

膝蓋打直的同時，上半身也挺起來，就可以頂天立地的站直了。

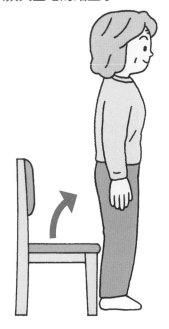

站立起身前，請先確認周圍的安全

安＋全 CHECK

為了站起身，雙腿必須使勁，腳邊的地面如果不平穩，很可能害年長者跌倒。請先確認地板上沒有容易打滑或是絆腳的物品，清除危險雜物以後，再請年長者站起來。

- 容易打滑的物品
  - ·塑膠袋
  - ·報紙、廣告單
  - ·雜誌
  - ·拖鞋
  - ·未加以固定的地毯等
- 容易絆腳的物品
  - ·家電的電線
  - ·腰帶
  - ·背包或是包包的背帶

站立起身的基本動作

85

從地板站起身 本人自主

先側坐就容易多了

STEP 1 先側坐

請開口說 045

現在請把膝蓋放倒在地上

膝蓋倒向哪一邊
都可以。

要從地板上站起來,首先必須
側坐。側坐時,膝蓋放倒,雙手
掌貼地板,把身體撐起來。

兩腿向前伸直,用輕鬆
的姿勢坐穩。

側坐。膝蓋往身體相
反側彎曲,用手撐著地
板,慢慢把腰抬起來。

用雙手支撐上半身,
挺起腰部,成為四肢
趴地的姿勢。

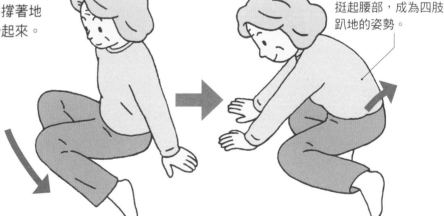

▌協助站起身的輔具

　　站起身的動作過程,腰腿必須承受
體重的壓力,對肌力衰退的年長者來
說是很大的負擔。這時候如果有安全
扶手之類的輔具,便可以減輕腰腿負
擔。又例如使用輔助地墊,還可以防
止腳底打滑,加強安全性。

輔助扶手

輔助地墊

STEP 2 兩手撐地，逐漸靠近身體

完成四肢趴地的姿勢以後，拱背，雙手逐漸向膝蓋靠近，雙腿輪流站起來。

請開口說 046

現在請把雙手慢慢
靠近膝蓋

為了避免向後傾倒的危險，
請把重心放在前面。

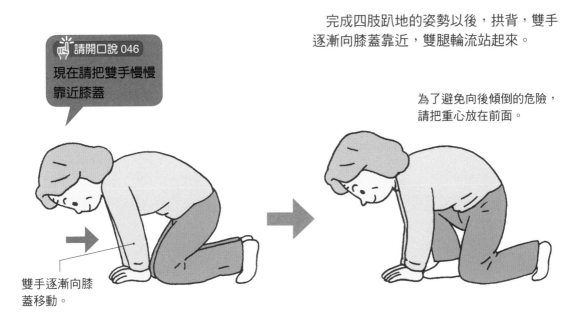

雙手逐漸向膝
蓋移動。

STEP 3 一面平衡身體重心，一面站起身

後腳跟貼地以後，將上半身立起來。腰
打直，體重平均分攤在兩隻腳上，就能牢
牢站穩。

請開口說 047

請保持身體平衡，
慢慢站起來

雙手離開地面，
身體慢慢直起。

重心緩緩回到身
體中心，就能站
得四平八穩了。

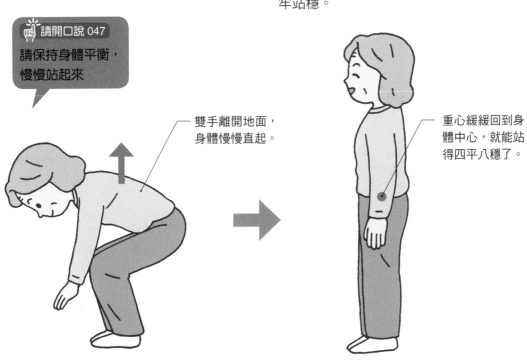

從地板站起身 照護者

從身後扣住身體，再將身體往前頂，讓年長者站起來

STEP 1 雙臂從身後扣住對方

這是協助肌肉無力、肢體僵硬的年長者站起身的方法。因為必須從對方的身後使力，為了避免造成不安，過程中記得要不時出聲說明動作。

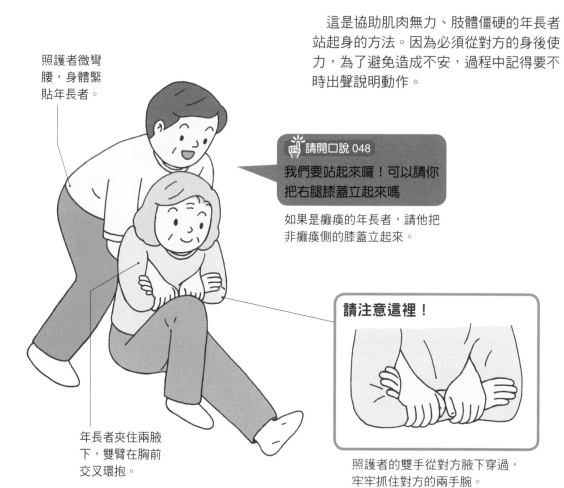

照護者微彎腰，身體緊貼年長者。

年長者夾住兩腋下，雙臂在胸前交叉環抱。

請開口說 048

我們要站起來囉！可以請你把右腿膝蓋立起來嗎

如果是癱瘓的年長者，請他把非癱瘓側的膝蓋立起來。

請注意這裡！

照護者的雙手從對方腋下穿過，牢牢抓住對方的兩手腕。

▌為什麼從地面站起來很困難

想要從地面站起來，必須做到四個動作，分別是①彎曲膝蓋、②手掌貼地、③身體前趴、④伸直膝蓋。

對年長者來說，動作②和③尤其困難，所以旁人更要給予協助。

肢體僵硬的緣故，兩手掌要貼到地板談何容易。

肌力不足，想使力也出不來。

STEP 2 一面將身體往前頂，一面站起身

身體保持緊貼狀態，腳向前跨出一步。

照護者牢牢抓住對方兩手腕以後，身體緊貼著對方的背後往前頂，協助他慢慢站起來。

🖐️ 請開口說 049

現在要站起來囉

如果是腰腿還有力量的年長者，告訴他說「請和我一起站起來」也 OK。

STEP 3 完成站起身的動作

確定對方已經完全站穩以後，才慢慢放開手。

手慢慢從年長者身上放開。

🚫 NG 動作！

兩人的身體如果沒有貼緊，想要把年長者頂起來也使不上力，還可能造成照護者腰部受傷。

從椅子站起身① 照護者

不可直接拉提年長者手臂！手臂先向下拉，再向後收即可

STEP 1 請對方抓住你的手

先出聲提示，讓年長者知道要準備站起來了，然後請他把雙腳稍微向後收。照護者一腳向前跨出，然後請對方抓緊自己的手臂。

請開口說 050
①來吧，我們一起站起來囉

這樣也 OK

除了大拇指以外，雙方的四根手指相互扣住也 OK。

請開口說 051
②請你抬頭挺胸，身體稍微向前傾

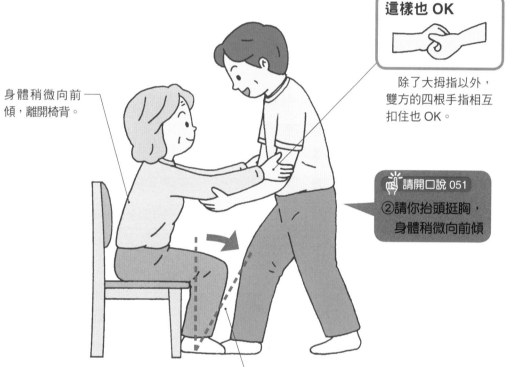

身體稍微向前傾，離開椅背。

年長者兩腳稍微向後收，以便重心向前移，身體比較容易站起來。

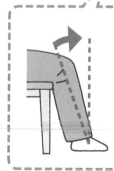

🚫 NG 動作！

腳趾如果超出膝蓋，就表示重心落在臀部，這樣子身體是站不起來的。

 從上面看

站在年長者正前方，單腳向前跨出一步，位置就跨在他的兩腿之間。

STEP 2 手臂下拉

請開口說 052
請把頭向前彎,
屁股抬起來

請年長者把屁股抬起來,就像行鞠躬禮一樣,頭向前彎,手臂同時向下拉,將身體重心往前移動。

從坐姿站起身時,身體重心必須由臀部移到腳底。協助重心順利轉移的要領,不是直接去拉對方的手臂,而是先讓他自己把手臂往下拉。

✋ NG 動作!

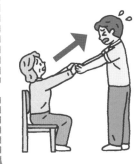

直接去拉提年長者的手,不但造成疼痛,還可能受傷。即使是力大無窮的人,不先讓年長者把重心向前移動,光憑臂力就想要把對方拉起來,是很困難的事。

從上面看

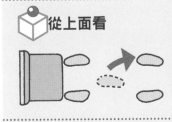

輕輕彎腰,把跨出去的一隻腳收回來。

腳向後收

等對方屁股抬高,離開椅面以後,照護者用手臂撐住對方向下拉的雙手,一面將自己剛才跨出的一步向後收回來。

請開口說 053
兩隻腳要慢慢出力
站穩喔

STEP 3 完成站起身的動作

站起來以後,照護者不要立刻把手放開,應確定對方站穩以後才慢慢放手。

照護者不要只是活動手臂,身體也要跟著向後退。

從椅子站起身①(照護者)

91

從椅子站起身② 照護者

以相貼的膝蓋為支點向後倒

 STEP 1 膝蓋貼膝蓋

站在年長者面前，兩膝併攏以後再微微屈膝，把自己的兩膝蓋貼著對方的一邊膝蓋，做為站立起身的動作支點。

> 安＋全 CHECK　最好避免穿著面料光滑的上衣或長褲，以免妨礙使力。

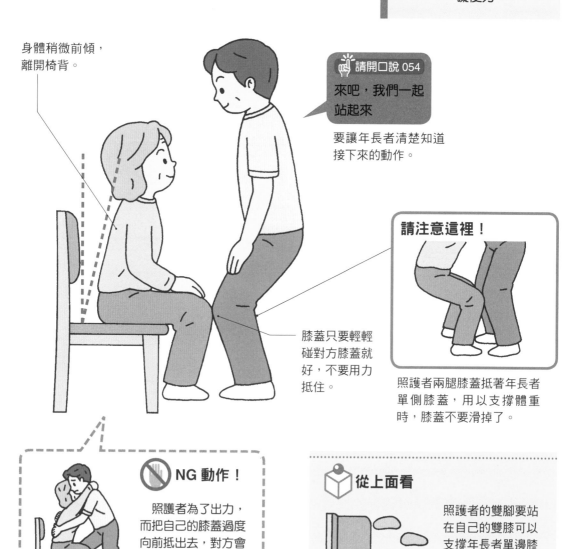

身體稍微前傾，離開椅背。

請開口說 054

來吧，我們一起站起來

要讓年長者清楚知道接下來的動作。

膝蓋只要輕輕碰對方膝蓋就好，不要用力抵住。

請注意這裡！

照護者兩腿膝蓋抵著年長者單側膝蓋，用以支撐體重時，膝蓋不要滑掉了。

🚫 **NG 動作！**

照護者為了出力，而把自己的膝蓋過度向前抵出去，對方會無法完成前傾的姿勢而站不起來。

從上面看

照護者的雙腳要站在自己的雙膝可以支撐年長者單邊膝蓋的位置。

STEP 2 請對方環抱你的脖子

出聲請年長者環抱照護者的脖子後,照護者的雙手則從對方腋下穿過,環抱對方的後背,但兩人的身體之間保留距離。

請開口說 055
請用兩手環抱住我的脖子

年長者如果雙手無力環抱照護者,照護者仍然要環抱住對方的後背,支持接下來的動作。

年長者如果雙手無力環抱照護者,請他抓住照護者的褲頭也可以。

NG 動作!

年長者即使不能環抱照護者的脖子,照護者也不可以從外側環抱對方的背。因為這樣會防礙接下來的自然反射動作,造成老人家無法呈現站起身所需要的前傾姿勢。

腳要比膝蓋稍微向後收。

STEP 3 照護者身體後倒,起身站直

照護者頂著年長者膝蓋,身體向後倒,此時對方的身體自然會被順勢拉向前,當一後一前的動作停下來以後,雙方一同把腿站直。

確定年長者完全站定以後,慢慢和他拉開距離,才可以放開手。

請開口說 056
屁股離開椅子以後,要慢慢把膝蓋打直喔

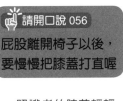

照護者的膝蓋輕輕頂住年長者的膝蓋就好。

確定年長者就起身的姿勢以後,照護者一面支撐對方的身體,一面慢慢站直。

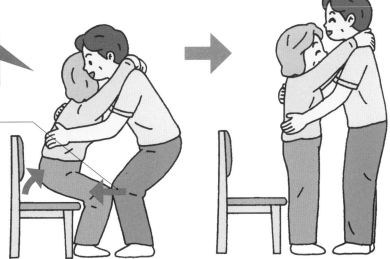

不要把老人家當小孩對待

　　出聲提示時，有的人為了表示親近，就用暱稱來稱呼年長者，或是用對待小孩的口吻和年長者說話。這並不值得鼓勵。

　　儘管身體不聽使喚，必須仰賴他人照顧協助，但是請不要忘記，年長者仍然應該保有獨立的自我、得到基本的尊重。身為晚輩的你，用對待小孩的口吻和他說話，年長者做何感受？只怕會生氣懊惱，不願與你配合。

　　對待失智症或是精神障礙的人也一樣，如果以為「反正他搞不清楚」，而用對待小孩的口吻和他說話，將大大傷害對方的尊嚴。

　　無論是照護的動作還是口頭的提示都是如此，自己不想被人這樣對待的事、不想被人這樣說的話，也不對人做、不對人說。「己所不欲勿施於人」是照護者與被照護者建立信賴關係的第一步。

第 **6** 章

就坐的
照護

就坐這一動作，對照護者而言十分
重要，因為無論飲食、更衣、沐浴
等各種照護的場合，都需要老人家
安穩坐定以後才能夠進行。

就坐的基本動作

向前彎身，腰部放低

STEP 1 站在椅子前方

請開口說 057

可以請你把身體
稍微向前彎嗎

椅面高度最好相當於膝
蓋的高度。

站在椅子的前方，膝蓋
後側輕貼椅面。

請回想你自己就坐時的動作，
應該會發現身體一開始必須向前
傾。首先，站在椅子的前方，膝
蓋後側輕貼椅面。

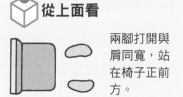
從上面看

兩腳打開與
肩同寬，站
在椅子正前
方。

STEP 2 一面向前彎身，一面放低腰部

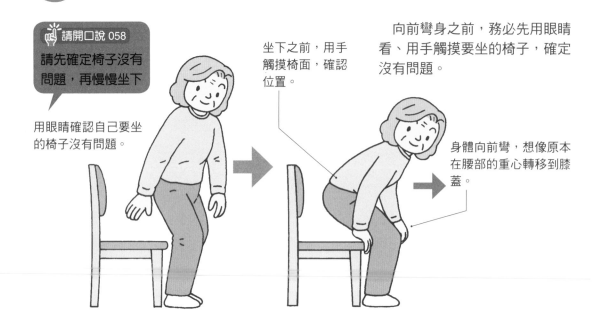

請開口說 058

請先確定椅子沒有
問題，再慢慢坐下

用眼睛確認自己要坐
的椅子沒有問題。

坐下之前，用手
觸摸椅面，確認
位置。

向前彎身之前，務必先用眼睛
看、用手觸摸要坐的椅子，確定
沒有問題。

身體向前彎，想像原本
在腰部的重心轉移到膝
蓋。

(一)照護者協助就坐

STEP 1 兩人手拉著手，老人家手肘輕輕向後收

照護者和年長者面對面站好。托著對方的手，出聲提示以後，請對方微微屈膝，以便身體向前傾。

請開口說 059
請慢慢把腰放低

請年長者握住照護者的手。

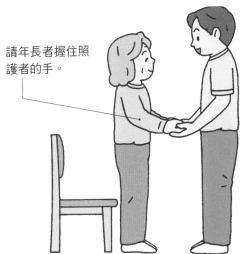

照護者把年長者的手輕輕拉過來，年長者的身體自然會向前傾。

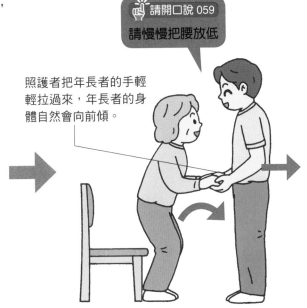

STEP 2 照護者的雙臂成為穩固的扶手

對方開始放低腰部高度時，照護者要確實穩定自己雙臂的位置不晃動。

照護者想像自己是扶手。

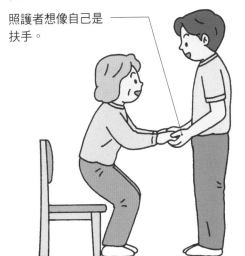

STEP 3 慢慢放開手

確定年長者坐穩以後，慢慢放開手。

確定年長者已經坐穩。

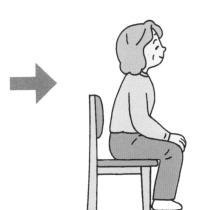

就坐的基本動作

穩定的就坐法

與椅面垂直坐定，挺背收下巴

(一)基本坐姿

無論是用餐、工作、搭乘交通工具、如廁等，幾乎都是坐著進行，所以坐姿是日常生活中很重要的姿勢。然而，人一旦上年紀，體力和肌力大不如前，有時無法維持良好的坐姿。所謂良好的坐姿，就是挺直背脊，保持身體左右對稱的姿態。年長者如果因為某些緣故而坐姿不良，照護者要為他恢復正確的基本坐姿才好。

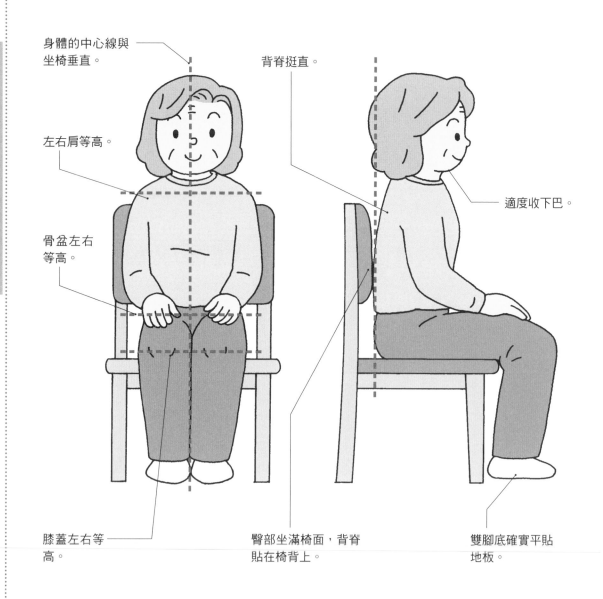

身體的中心線與坐椅垂直。

左右肩等高。

骨盆左右等高。

膝蓋左右等高。

背脊挺直。

適度收下巴。

臀部坐滿椅面，背脊貼在椅背上。

雙腳底確實平貼地板。

(二)半癱的坐姿與修正方法

　　半癱的人因為癱瘓側的肌肉萎縮，難以支撐身體，所以坐姿會倒向非癱瘓側，成為癱靠在椅背或扶手的特殊姿勢。這時候要盡可能為他慢慢修正身體各部位的偏斜，以便端正坐姿。

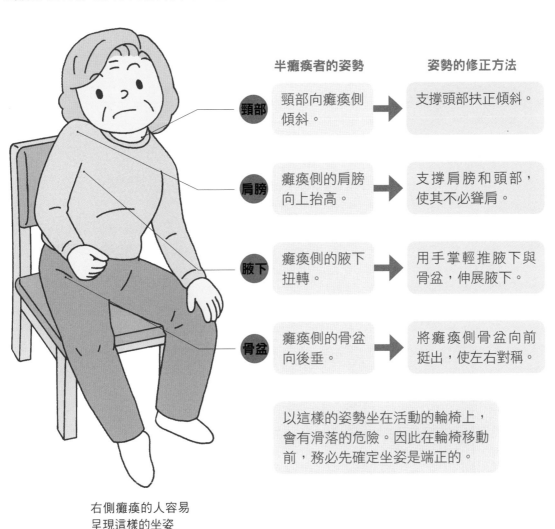

半癱瘓者的姿勢		姿勢的修正方法
頸部 頸部向癱瘓側傾斜。	→	支撐頭部扶正傾斜。
肩膀 癱瘓側的肩膀向上抬高。	→	支撐肩膀和頭部，使其不必聳肩。
腋下 癱瘓側的腋下扭轉。	→	用手掌輕推腋下與骨盆，伸展腋下。
骨盆 癱瘓側的骨盆向後垂。	→	將癱瘓側骨盆向前挺出，使左右對稱。

　　以這樣的姿勢坐在活動的輪椅上，會有滑落的危險。因此在輪椅移動前，務必先確定坐姿是端正的。

右側癱瘓的人容易
呈現這樣的坐姿

▍最適合排便的時間是早晨

　　椅子的尺寸如果與體型不合，即使並非半癱的人，坐姿一樣容易歪斜變形，這時就要懂得善用靠墊。

　　椅面太深坐不到底，應在椅背和身體之間夾一個靠墊；而如果是身體向左或向右傾斜，則要在扶手和身體之間加靠墊。

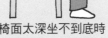
椅面太深坐不到底時

身體向左或向右傾斜時

 # 椅子的就坐 照護者

支撐腰部，抵住雙膝再下蹲

STEP 1 雙手環抱後背，拉近上半身

對肌力不足的年長者來說，在椅子上就坐也是一個令人感到不安的動作。為了預防他們忽然向後倒，或是屁股還沒坐到椅子就直接跌在地上，照護者應該站在年長者的正面，為他支撐身體。

 請開口說 060

①請用你的兩手環抱我的肩膀

站在年長者正前方，請他雙手環抱你的肩膀。

年長者環抱住照護者的肩膀以後，照護者也環抱對方的背。

年長者的手如果無法環抱照護者的肩膀，不必勉強。

 請開口說 061

②要在椅子上坐下來囉，請扶著我

說明接下來要就坐了，環抱年長者的背，將對方輕輕攏近自己。

第6章 ● 就坐的照護

 安全 CHECK

選擇堅固穩定的椅子

椅子必須承受使用者施加的巨大壓力，所以年長者使用的椅子必須堅固、穩定性高。椅面可以旋轉的椅子雖然使用方便，但是一個沒轉好，身體可能不受控制而造成意外。

 **從上面看**

站立的位置，就和從椅子上站起身的位置一樣。從正面確實支撐年長者的身體。

STEP 2 身體站直，彼此抵住兩膝蓋

年長者的腰部開始放低以後，照護者仍然站直，確實支撐對方的身體。年長者把全身重量掛在照護者的肩膀上，腰部逐漸放低，照護者屈膝抵住對方的膝蓋。

請開口說 062
請慢慢把腰放低

請開口說 063
我們膝蓋碰膝蓋，兩人都不要動。然後請把腰再放低一點

緩緩屈膝，
腰部放低。

雙手環抱年長者的背。

照護者站直，想像自己是支撐年長者的扶手。

兩人的膝蓋互碰以後，照護者暫停動作。

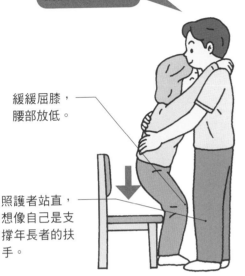

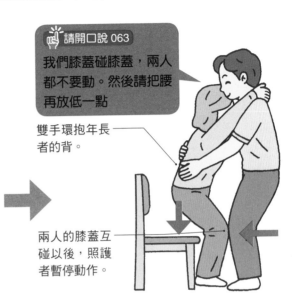

STEP 3 上半身保持直挺，腰部放低直到坐在椅面上

年長者上半身保持直挺，照護者配合年長者的動作，直到對方坐在椅面上。確定他的臀部坐在椅面中央，才慢慢放開手。

請開口說 064
屁股請再向後挪，坐深一點

提醒年長者還可以調整位置，把椅面坐滿。

請開口說 065
現在坐穩了嗎

確認年長者是否坐平穩了。

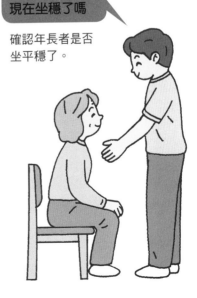

地板的就坐 本人自主

形成側坐姿勢，再扭轉身體

STEP 1 身體前彎，雙手貼地

　　想用自己的力量坐在地板上，動作過程正好和「從地面站起身」相反。首先站穩雙腳，身體慢慢向前彎，直到兩手的手掌貼到地板。

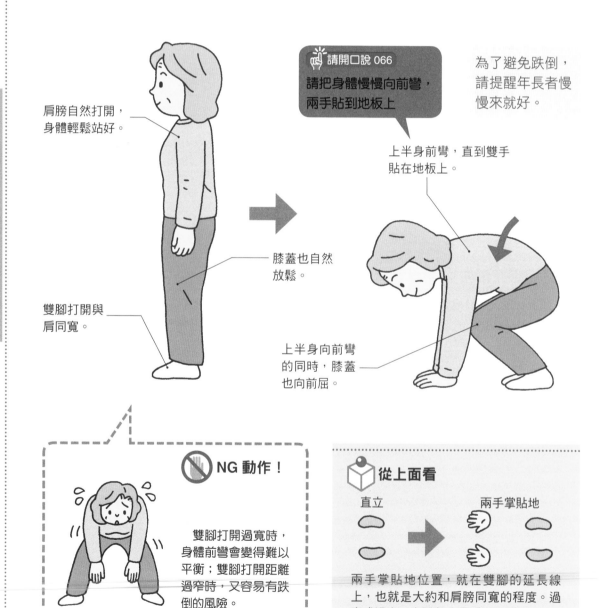

肩膀自然打開，身體輕鬆站好。

膝蓋也自然放鬆。

雙腳打開與肩同寬。

請開口說 066
請把身體慢慢向前彎，兩手貼到地板上

為了避免跌倒，請提醒年長者慢慢來就好。

上半身前彎，直到雙手貼在地板上。

上半身向前彎的同時，膝蓋也向前屈。

🚫 NG 動作！

雙腳打開過寬時，身體前彎會變得難以平衡；雙腳打開距離過窄時，又容易有跌倒的風險。

📦 從上面看

直立　　　　　　兩手掌貼地

兩手掌貼地位置，就在雙腳的延長線上，也就是大約和肩膀同寬的程度。過寬或過窄，身體都容易重心不穩。

STEP 2 腰部放低，側坐在地板上

一面用雙手支撐身體，一面以慣用側的膝蓋跪在地板上，
然後雙膝跪地，以手扶著地面，身體側坐在地板上。

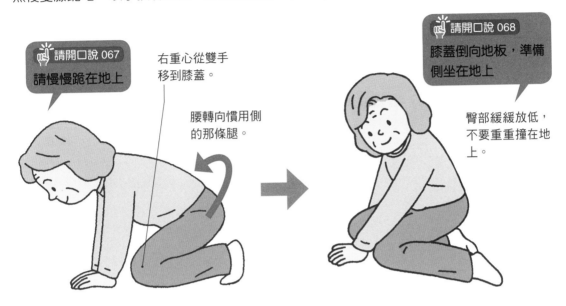

請開口說 067
請慢慢跪在地上

右重心從雙手
移到膝蓋。

腰轉向慣用側
的那條腿。

請開口說 068
膝蓋倒向地板，準備
側坐在地上

臀部緩緩放低，
不要重重撞在地
上。

STEP 3 伸直雙腿，正面坐在地板上

雙手確實撐起上半身，慢慢伸直雙腿，直到坐在地板上。

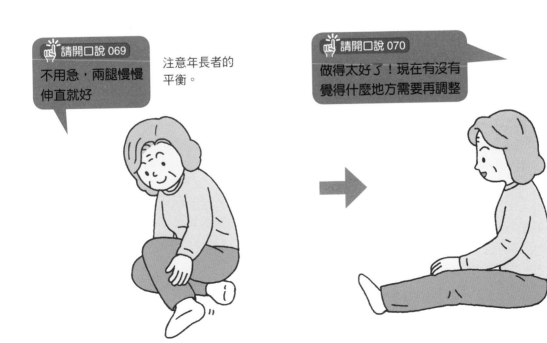

請開口說 069
不用急，兩腿慢慢
伸直就好

注意年長者的
平衡。

請開口說 070
做得太好了！現在有沒有
覺得什麼地方需要再調整

地板的就坐 照護者

面對面支撐雙手，引導至地板

STEP 1 面對面站立，支撐對方雙手

 請開口說 071

①來吧，我們一起坐下來

說好陪著年長者一起行動，消除對方的疑慮不安。

基本動作內容和第 100 頁相同。照護者首先托住年長者的手，慢慢引導對方到地板。

請開口說 072

②我現在要帶你慢慢坐在地板上喔

年長者容易重心不穩，照護者要確實支撐他的平衡。

不要急於讓年長者就坐而動作急躁。仔細觀察對方的每一個動作，隨時給予必要的協助。

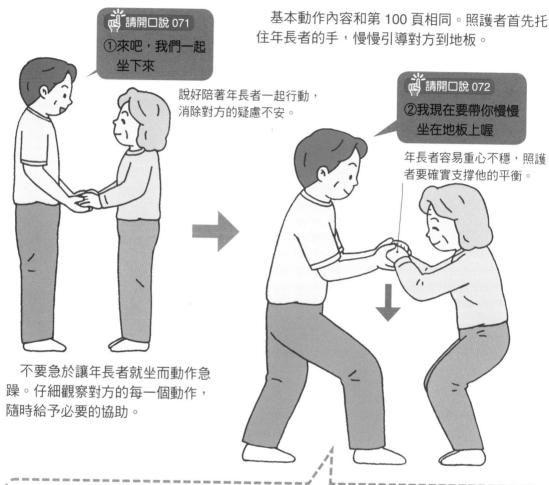

 NG 動作！

要坐地板時，無論是年長者自己坐下，還是由旁人協助，屁股都不可直直坐下。因為年長者的下半身肌力不足，屁股直接就坐，腰腿往往支撐不住，導致重心不穩。

屁股直直坐下

重心失去平衡

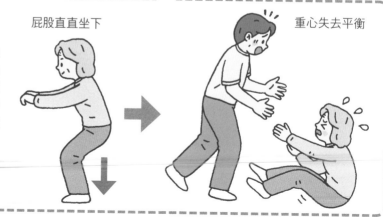

第 6 章 ● 就坐的照護

STEP 2 先側坐

先讓年長者的雙手和雙膝撐住地板，再請他腰部放低，側坐在地板上。照護者一面照顧他的動作，一面告訴他該向哪一邊側坐。

引導對方雙手貼著地板。

注意不要讓對方的屁股直接撞擊地板，要請他慢慢扭轉腰部以後再坐下。

> 請開口說 073
> 我們先跪下來，屁股坐在腿上

> 請開口說 074
> 請把腰向右扭轉，屁股坐在地板上

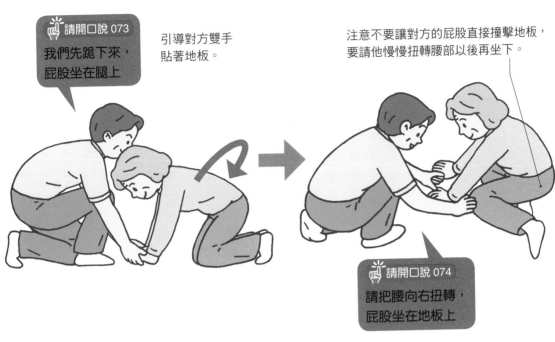

STEP 3 伸直雙腿，正面坐在地板上

側坐以後，再慢慢伸直雙腿。無法自己把腿伸直的年長者，照護者可以幫忙拉直。

> 請開口說 075
> 請把這條腿伸直吧

> 請開口說 076
> 這樣坐穩了嗎

照護者透過輕拍腿的方式，可以清楚提示要活動哪一條腿。

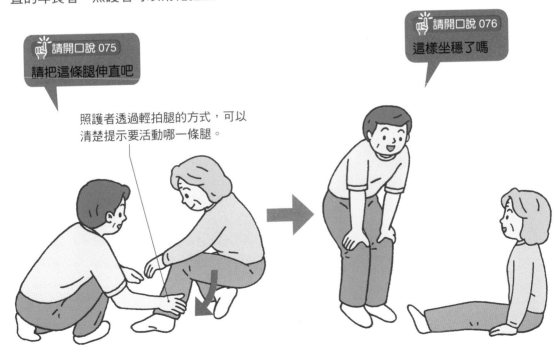

床上或椅子上的坐姿調整 照護者

先護住腰背部再向前彎

(一)坐在床上的橫向移動

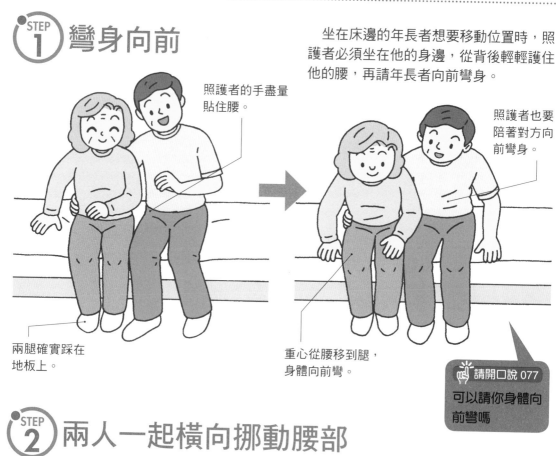

STEP 1 彎身向前

坐在床邊的年長者想要移動位置時,照護者必須坐在他的身邊,從背後輕輕護住他的腰,再請年長者向前彎身。

照護者的手盡量貼住腰。

照護者也要陪著對方向前彎身。

兩腿確實踩在地板上。

重心從腰移到腿,身體向前彎。

請開口說 077
可以請你身體向前彎嗎

STEP 2 兩人一起橫向挪動腰部

兩人身體盡量貼緊。

身體向前彎低,直到年長者的腰弓起來。照護者一面把對方的腰摟過來,臀部一面往橫向挪動。

請開口說 078
請把屁股往左邊挪動

腰部緊貼不要分開。

(二)坐在椅子上的移位

STEP 1 兩腳向後收

　　肌力不足的年長者在椅子上坐著坐著，身體常常就會偏斜，臀部也向前滑動。要回復正確的坐姿，首先請他把雙腳向後收到膝蓋後方的位置。

已經跑到膝蓋前方的雙腳，要向後收回去。

STEP 2 從腰部向後拉

　　輕推年長者的背，抓住對方的褲頭或腰帶，把他向後拉。

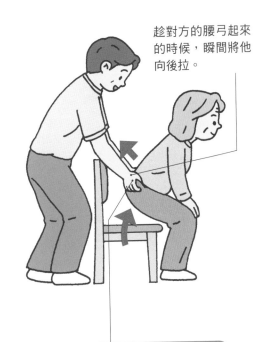

趁對方的腰弓起來的時候，瞬間將他向後拉。

STEP 3 完成座椅上的移位動作

　　確定年長者坐滿椅面後，才慢慢放開手。

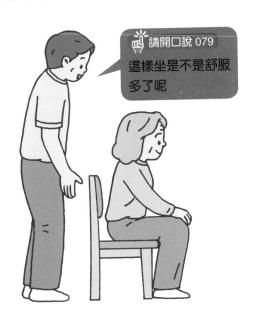

請開口說 079

這樣坐是不是舒服多了呢

請注意這裡！

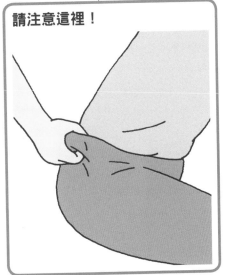

如果拉著褲頭往上提，不好使力時，拉著腰帶也可以。

床上或椅子上的坐姿調整（照護者）

請不厭其煩的
解說到年長者了解為止

有些年長者因為失智症、視聽覺障礙、憂鬱症或個性使然，理解能力不足，因此任憑照護者如何說明，他也無法掌握要領，導致照護的成效不如預期。

儘管如此，照護者也不可暴躁失控，大聲責罵對方「到底要我說幾遍」、「為什麼就是不肯乖乖照做」，這可是最差勁的照護模式。對方即使理解能力不足，但還是能夠接收到照護者強烈的負面情緒而害怕退縮。接受照護的人，對於照顧自己的人多少會有幾分畏懼，年長者也很想要照著對方的指示去做，卻偏偏就是做不到，他本人對自己的跟不上也感到懊惱。這時候如果還用強勢的語言，對他窮追猛打，很可能造成雙方的關係惡化。

與年長者溝通時，「同一件事」、「一再反覆說明」、「直到了解為止」，是不可違背的原則。當對方無法配合你的意思行動時，請先緩一口氣，然後再次輕聲細語的向對方說明吧！

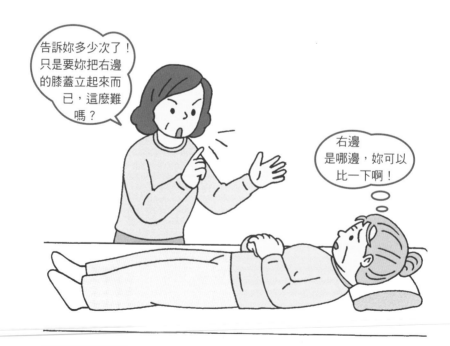

第 **7** 章

坐輪椅的
照護

對腰腿無力的老人家來說，坐輪椅可以擴大行動範圍，是相當便利的輔具。但如果使用錯誤，可能造成摔落跌倒等意外。現在，讓我們學會輪椅的正確使用方法吧！

坐輪椅的基本照護

萬萬不可突然啟動！先出聲提示以後才可以行動

(一)輪椅的各部位名稱

輪椅是行動不便者用來代步的輔具。它可以由乘坐者本人自行操作，不過年長者坐輪椅，多半是由照護者代為操作。原則上，乘坐安全舒適，是選擇輪椅最重要的條件，不過對每天都必須推輪椅的照護者而言，好用易操作也是必須考慮的重點。

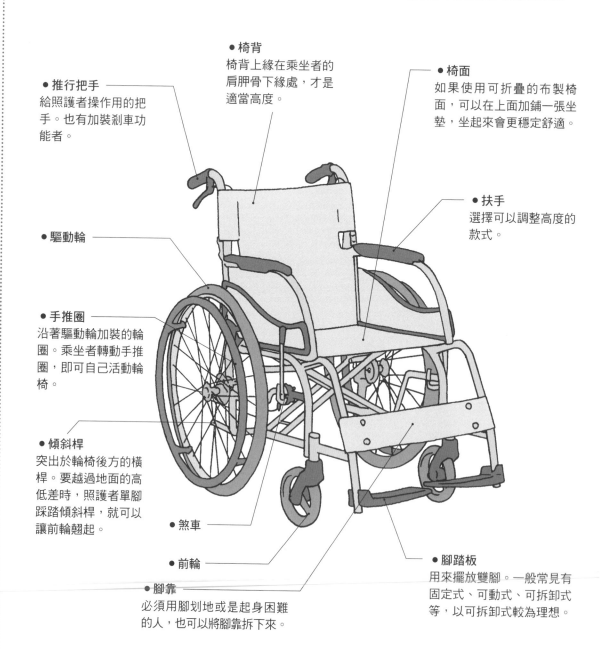

● **椅背**
椅背上緣在乘坐者的肩胛骨下緣處，才是適當高度。

● **推行把手**
給照護者操作用的把手。也有加裝剎車功能者。

● **椅面**
如果使用可折疊的布製椅面，可以在上面加鋪一張坐墊，坐起來會更穩定舒適。

● **扶手**
選擇可以調整高度的款式。

● **驅動輪**

● **手推圈**
沿著驅動輪加裝的輪圈。乘坐者轉動手推圈，即可自己活動輪椅。

● **傾斜桿**
突出於輪椅後方的橫桿。要越過地面的高低差時，照護者單腳踩踏傾斜桿，就可以讓前輪翹起。

● **煞車**

● **前輪**

● **腳靠**
必須用腳划地或是起身困難的人，也可以將腳靠拆下來。

● **腳踏板**
用來擺放雙腳。一般常見有固定式、可動式、可拆卸式等，以可拆卸式較為理想。

(二)輪椅的前進

照護者握著推行把手向前推出。開始動作之前，必定先出聲提示才可行動。

緊握推行把手。下坡時，同時握住煞車以策安全。

確定年長者的雙手確實放在輪椅扶手上。

移動時，務必確認年長者的雙腳放在腳踏板上。

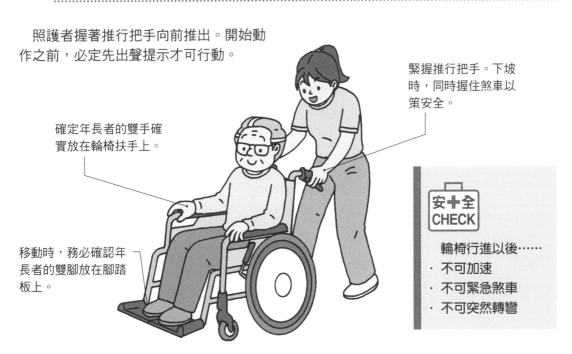

安+全
CHECK

輪椅行進以後……
· 不可加速
· 不可緊急煞車
· 不可突然轉彎

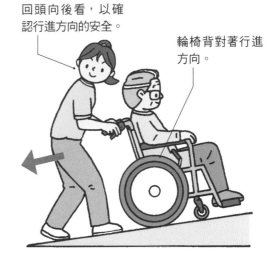

坐輪椅的基本照護

(三)輪椅爬坡

上坡時

看著行進方向，身體微微前傾，踏穩每一步，緩緩爬坡。

下坡時

為了不讓年長者心生恐懼，下坡時應向後倒退著走。全程手握煞車，隨時準備好停下來。

雙臂確實掌握輪椅的重量。

雙手確實握住推行把手。

回頭向後看，以確認行進方向的安全。

輪椅背對著行進方向。

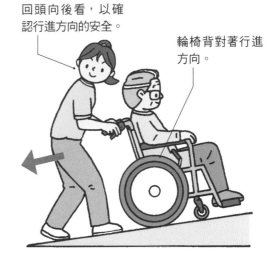

輪椅如何越過高低差 照護者

翹起前輪，緩緩移動

(一)往上越過高低差

STEP 1 翹起前輪

在高低差前先停下來，一面將推行把手向下壓，一面用單腳踩踏傾斜桿，讓前輪翹起。

請開口說 080

現在要向上越過台階，我要讓前輪翹起來喔

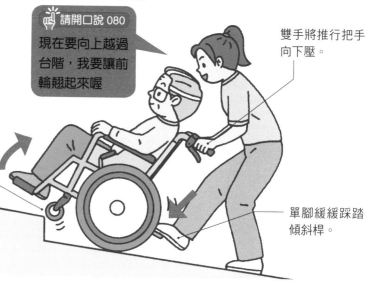

雙手將推行把手向下壓。

單腳緩緩踩踏傾斜桿。

請注意這裡！

前輪翹起的角度要稍微大於高低差。

STEP 2 抬起後輪

前輪越過高低差以後，繼續向前推，直到後輪碰觸高低差之前停止。然後將推行把手向前再推一把，好讓後輪沿著高低差往前轉動。

讓後輪沿著高低差向前轉動。

後輪越過高低差時，稍微抬高推行把手，再往前推過高低差。

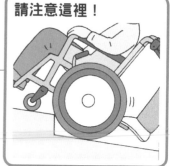

請注意這裡！

後輪要確實走過高低差，不要懸空。

(二)往下越過高低差

STEP 1 向後倒退走

在高低差之前將輪椅掉頭轉方向，握好推行把手，讓後輪沿著高低差轉動而下。

照護者自己先步下高低差，輪椅才跟著下行。

請開口說 081
現在要向下越過台階囉

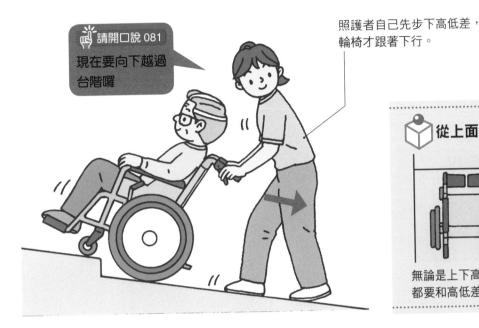

從上面看

90 度

無論是上下高低差，輪椅都要和高低差呈直角。

STEP 2 翹起前輪往下走

後輪轉過高低差以後，照護者單腳踩踏傾斜桿，讓前輪翹起，向後倒退越過高低差之後，才放下前輪。

注意不要讓老人家的腳撞到高低差。

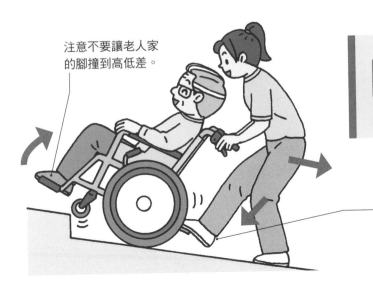

安全 CHECK
年長者如果坐得太淺，可能會從輪椅上跌下來，所以要讓他重新坐滿椅面以後再啟動。

後輪先下，之後用單腳踩踏傾斜桿，讓前輪翹起。

113

輪椅的安全使用方法

老人家的安全最優先，視狀況個別因應

（一）上下階梯 `要支援 1～2` `要照護 1～5`

輪椅走在階梯上，有跌倒摔落等危險，因此要盡量避免走樓梯。如果萬不得已非

走樓梯不可，至少需要 4 個人共同協助。

● 輪椅的平抬方法

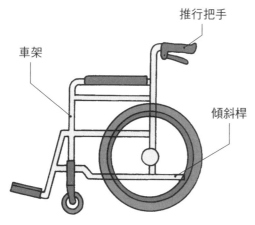

推行把手

車架

傾斜桿

後面的人抬推行把手

前面的人抬車架與傾斜桿

坐輪椅上下階梯，上階梯時臉面向前方行進，下階梯時臉面向後方行進。事前必須確定剎車掣已經鎖緊，之後才由前面 2 個人抬車架與傾斜桿，後面 2 個人抬推行把手，4 人協力把輪椅抬上或抬下樓梯。

（二）通過狹窄空間 `要支援 1～2` `要照護 1～5`

輪椅通過狹窄的門或入口、走道時，為慎防撞到輪椅，應放慢速度緩緩行進。入口寬度如果有 80 公分左右，一般標準輪椅應該都可以通過。

為了避免被夾在輪椅和入口之間，年長者雙手應放在膝蓋上以策安全。

(三)搭乘電梯升降 要照護 1～5

上下樓不走階梯，藉助電梯移動會比較安全。進出電梯時應翹起前輪，以免前輪被卡在地面和電梯之間。操作輪椅要力求平穩，不要讓坐在上面的年長者受到震盪衝擊。

無法在電梯內掉轉方向時

●向前進電梯

照護者單腳踩踏傾斜桿，讓前輪翹起，進電梯之後固定剎車。

●向後出電梯

解除剎車，讓前輪翹起，一面留意周邊狀況，一面緩緩退出電梯。

可以在電梯內掉轉方向時

●向後進電梯

進入內部空間足夠迴轉輪椅的電梯，應向後退入電梯，在電梯內掉轉方向之後，固定剎車。

●向後出電梯

照護者一面確認後方的安全，一面向後退出電梯。

安全 CHECK	使用前的檢查	②剎車掣 剎車線若是過鬆會影響剎車功能，請做適當調整。	④坐墊、車架 檢查坐墊是否出現破損或髒污、車架是否生鏽。
	①輪胎 確認胎壓可否適當、輪胎有無破損。	③前輪 卡到雜物會防礙轉動的靈活，必須定期清理。	⑤腳踏板 固定螺絲若是鬆脫，腳踏板會下垂而失去支撐力，請加以固定。

輪椅的安全使用方法

從臥床移位到輪椅上 本人自主

利用扶手或護欄支撐身體，再進行移轉位

STEP 1 將輪椅推到床邊

將輪椅推到床邊，與床緣呈30度斜角，方便移轉乘坐。年長者稍微坐出床緣，手扶床邊安全扶手或護欄。

> 🗣 請開口說 082
>
> **請你坐出床邊一點點**

臀部稍微坐出床緣，雙腳稍微向後收。

輪椅推近床邊，與床緣呈30度斜角，固定剎車。

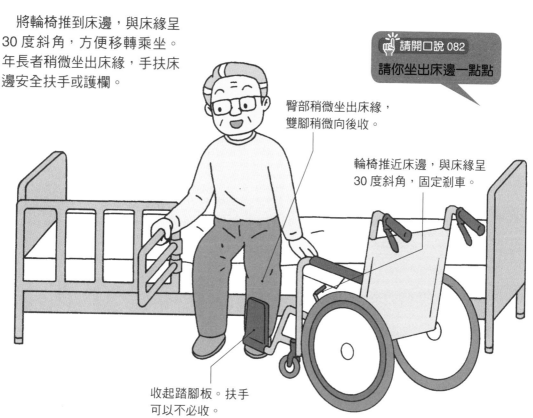

收起踏腳板。扶手可以不必收。

第 7 章 ● 坐輪椅的照護

▌協助站立支撐的安全扶手

年長者進行移轉位時，如果有安全扶手就可以穩固支撐身體。床邊的護欄雖然也有作用，但是當身體在前，而手臂還扶在身後時，姿勢就會不穩定。所以在租用照護床時，請寄得一併加裝安全扶手。

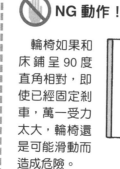

🚫 **NG 動作！**

輪椅如果和床鋪呈90度直角相對，即使已經固定剎車，萬一受力太大，輪椅還是可能滑動而造成危險。

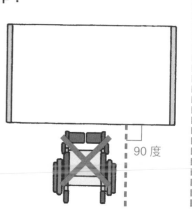

90 度

STEP 2 站立起身，臀部朝向輪椅

握住安全扶手，站立起身，臀部朝向輪椅的椅面慢慢轉身。

請開口說 083
請把屁股朝向輪椅

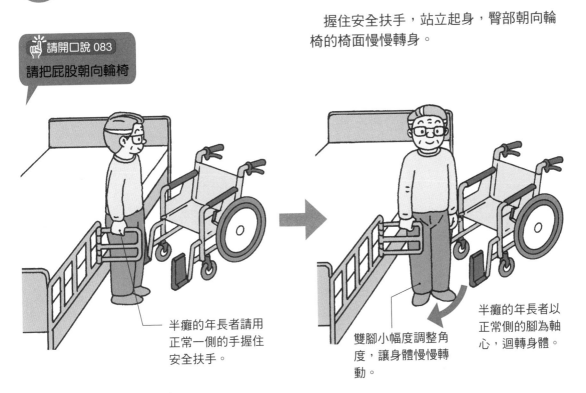

半癱的年長者請用正常一側的手握住安全扶手。

雙腳小幅度調整角度，讓身體慢慢轉動。

半癱的年長者以正常側的腳為軸心，迴轉身體。

STEP 3 來到輪椅前，慢慢就坐

握著輔助扶手，臀部對著輪椅的椅面慢慢坐下，確認坐穩以後才放開手。

請開口說 084
現在請你慢慢坐下來

小步的往後方移動。

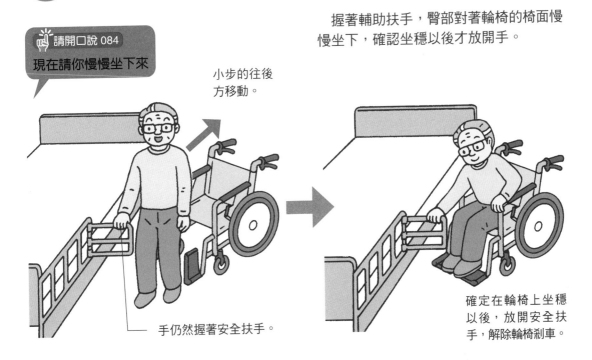

手仍然握著安全扶手。

確定在輪椅上坐穩以後，放開安全扶手，解除輪椅剎車。

從臥床移位到輪椅上（本人自主）

117

從臥床移位到輪椅上① 照護者

彎腰向前，再橫向移位〈適用於可以自行拱腰的人〉

STEP 1 將輪椅推到床邊

如同第 114 頁，將輪椅推到床邊，與床緣呈 30 度斜角。請對方稍微坐出床緣。

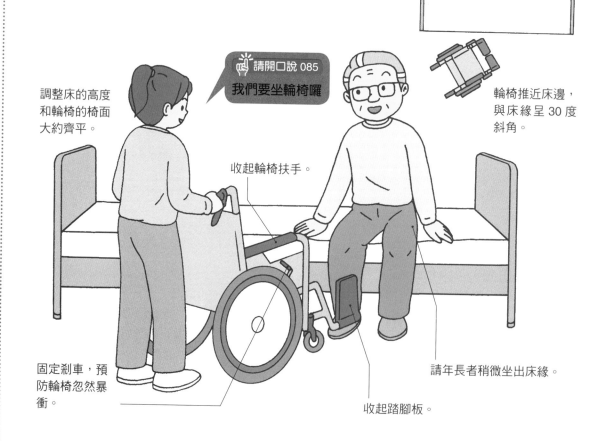

調整床的高度和輪椅的椅面大約齊平。

請開口說 085

我們要坐輪椅囉

收起輪椅扶手。

輪椅推近床邊，與床緣呈 30 度斜角。

固定剎車，預防輪椅忽然暴衝。

收起踏腳板。

請年長者稍微坐出床緣。

安全 CHECK　乘坐輪椅前，務必先固定剎車

從床上移轉位到輪椅的過程中，年長者的身體會呈現不穩定的姿勢。這時，如果輪椅的剎車沒有固定好，一載重就可能滑動而失去平衡，害年長者跌倒受傷。因此只要是移轉位，無論從床上移位到輪椅、從輪椅移位到床上，或是從輪椅移位到汽車上等等，都必定要先固定剎車，確定輪椅不會滑動，才可以進行後續動作。

STEP 2 彎腰向前，讓腰部自然拱起

出聲提示年長者以後，單手抓住對方的褲頭，輕輕向輪椅拉提。

為保持身體的重心穩定，請年長者一隻手扶著輪椅的椅面或是床緣。

抓住對方的褲頭，輕輕向輪椅拉提，不必要勉強使力。

請開口說 086
現在請彎腰向前，把屁股抬起來

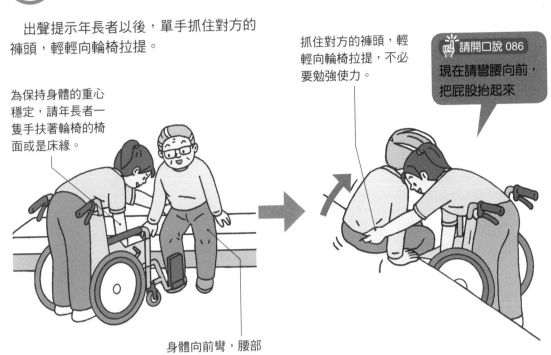

身體向前彎，腰部自然拱起。

STEP 3 腰部往橫向移轉位

腰部稍微拱起以後，身體慢慢向輪椅靠近，當身體轉到與輪椅同方向時，臀部移坐到椅面上。

請開口說 087
現在兩腳請稍微用一點力量站起來

兩腳在地板上確實站穩以後，只要採取前傾姿勢，就能夠輕易橫向移動。

請開口說 088
請把屁股抬起來，坐在輪椅上

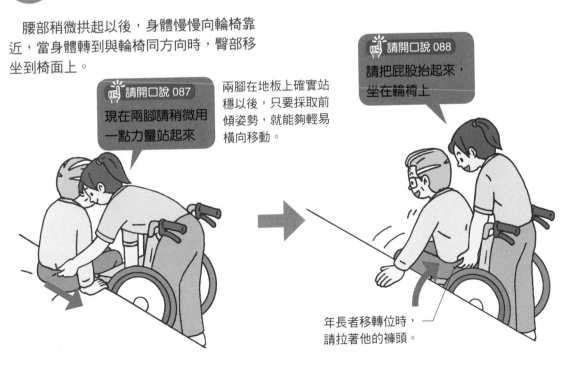

年長者移轉位時，請拉著他的褲頭。

從臥床移位到輪椅上② 照護者

一面支撐年長者，一面陪他旋轉〈適用於難以站立的人〉

STEP 1 將輪椅推到床邊

將輪椅推到床邊，與床緣呈 30 度角，告訴對方要坐輪椅了，請他站起來。

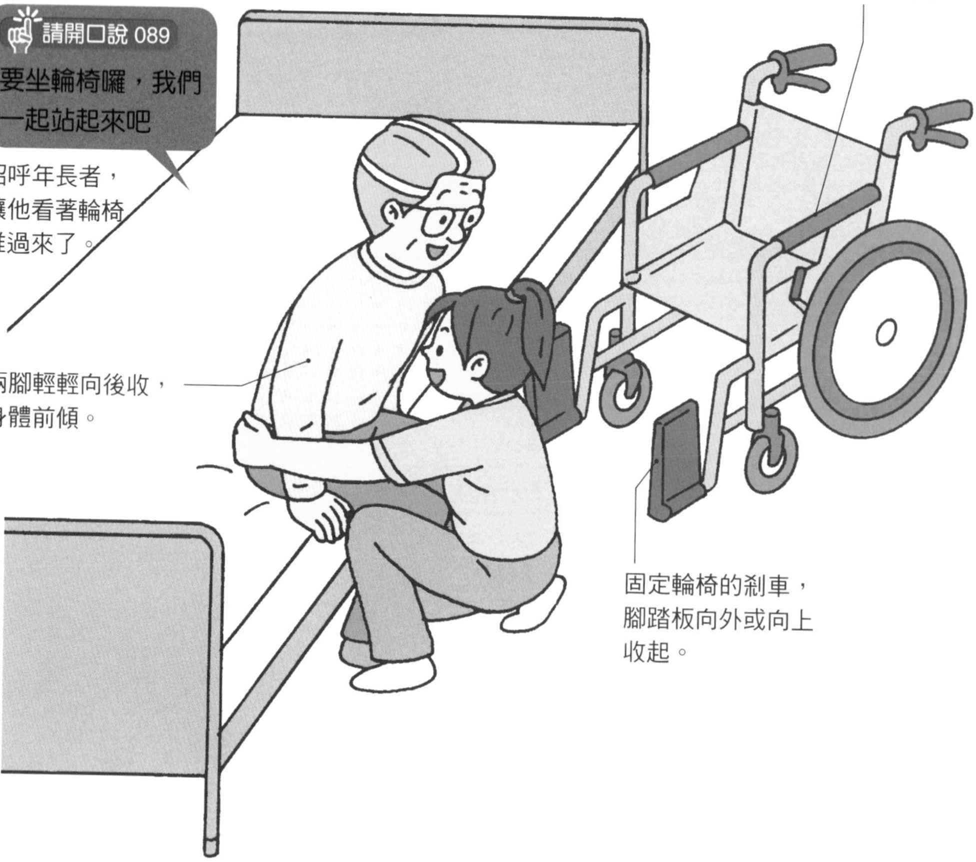

如果是扶手可以向外推的輪椅會比較方便。
請開口說 089
要坐輪椅囉，我們一起站起來吧
招呼年長者，讓他看著輪椅推過來了。
兩腳輕輕向後收，身體前傾。
固定輪椅的剎車，腳踏板向外或向上收起。

方便移轉位使用的照護輔具

從床鋪移位到輪椅的過程，身體會呈現不穩定的姿勢，甚至伴隨跌倒的風險。利用移位腰帶或是移位滑板等輔具，能協助移轉位過程更安全。

移位腰帶

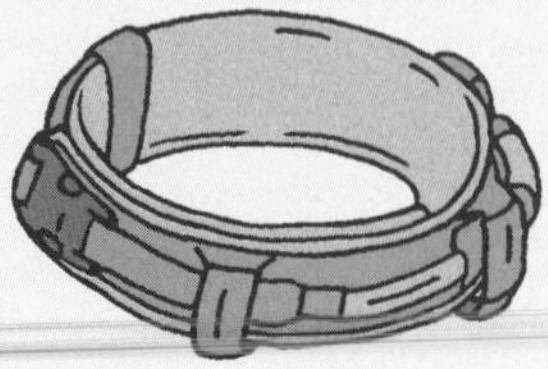

環繞腰部，做為照護者施力的腰帶。

移位滑板

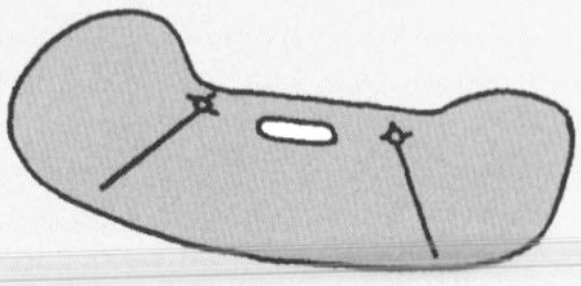

放在床與輪椅之間，就可以一點一點的慢慢移位。

STEP 2　雙手環抱腰部幫老人家站起來

請年長者環抱照護者的脖子，照護者則環抱他的腰。照護者稍微向後仰，把對方慢慢抱起身。

> 請開口說 091
> 我們一起站起來吧

注意身體不要貼太緊。

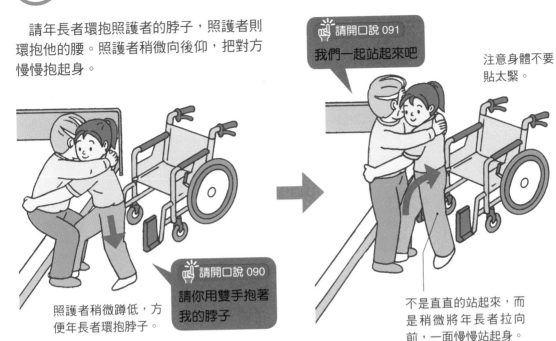

照護者稍微蹲低，方便年長者環抱脖子。

> 請開口說 090
> 請你用雙手抱著我的脖子

不是直直的站起來，而是稍微將年長者拉向前，一面慢慢站起身。

STEP 3　以腳為軸心迴轉身體，臀部在椅面上坐下

年長者身體順勢向前彎，以跨出的一隻腳為軸心，臀部朝著椅面的方向，一點一點轉身，直到可以完全落坐。

照護者帶動年長者慢慢轉身。

> 請開口說 092
> 請往左慢慢轉動身體吧

> 請開口說 093
> 現在要請你坐下來囉

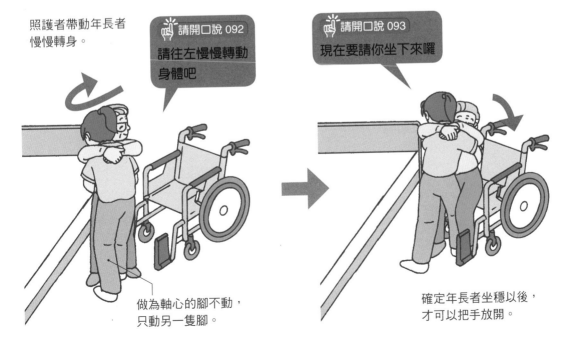

做為軸心的腳不動，只動另一隻腳。

確定年長者坐穩以後，才可以把手放開。

從輪椅移位到汽車 照護者

確定周圍安全無虞之後才可以行動

STEP 1 將輪椅推到汽車邊

將輪椅推到打開的汽車車門邊,固定剎車掣,收起腳踏板。

👆 請開口說 094

我們要坐車囉

照護者確認周圍安全無虞。

完全打開汽車的車門。

收起腳踏板。

固定輪椅剎車掣。

利用靠墊維持正確姿勢

從汽車改坐輪椅時,動作正好和從輪椅移位到汽車相反。

①在車內的年長者先轉身面向下車的方向。

②年長者的腳踏出汽車外,並確實踏穩地面。

③移動身體重心,慢慢站起身。

④臀部對著輪椅的椅面,慢慢坐下。

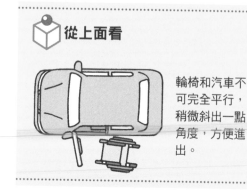

📦 從上面看

輪椅和汽車不可完全平行,稍微斜出一點角度,方便進出。

第7章 ● 坐輪椅的照護

STEP 2　扶著車門站立

請年長者抓著汽車的車門或是扶手等手可以搆到的地方，扶好以後站起身。

STEP 3　坐在輪椅上

抓住車門或是扶手，慢慢轉動身體，臀部朝著汽車的坐椅，緩緩就坐。

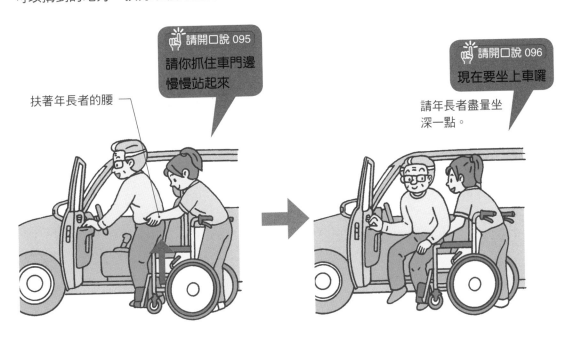

請開口說 095

請你抓住車門邊
慢慢站起來

扶著年長者的腰

請開口說 096

現在要坐上車囉

請年長者盡量坐
深一點。

STEP 4　小心不要撞到頭了

入坐時，應留意對方的頭不要撞到車門框。坐進車內以後，再幫年長者把兩條腿分別抬進車子裡。年長者如果是坐在靠車

門邊的位置，要為他把身體放在座位中央。

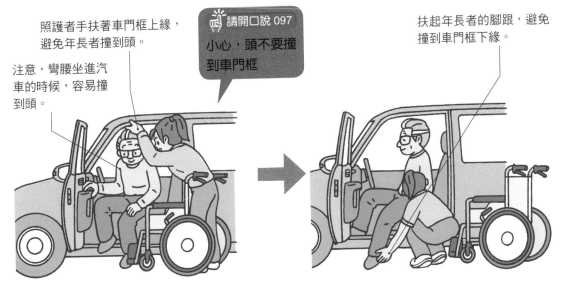

照護者手扶著車門框上緣，
避免年長者撞到頭。

注意，彎腰坐進汽
車的時候，容易撞
到頭。

請開口說 097

小心，頭不要撞
到車門框

扶起年長者的腳跟，避免
撞到車門框下緣。

從輪椅移位到汽車（照護者）

輪椅上的坐姿調整 照護者

年長者先起身，讓照護者幫他從腰部向後拉

 STEP 1 收起腳踏板，請對方雙腳貼著地板

　　坐在輪椅上的年長者如果身體向前滑動，照護者必須為他調整姿勢，讓他重新坐端正。首先收起輪椅的腳踏板，請對方把雙腳放在地板上。

> 👆 請開口說 098
>
> 我現在要幫你重新坐正，請先把你的腳放在地板上

對於無法自己把腳放在地板上的半身癱瘓者，照護者要出手幫忙。

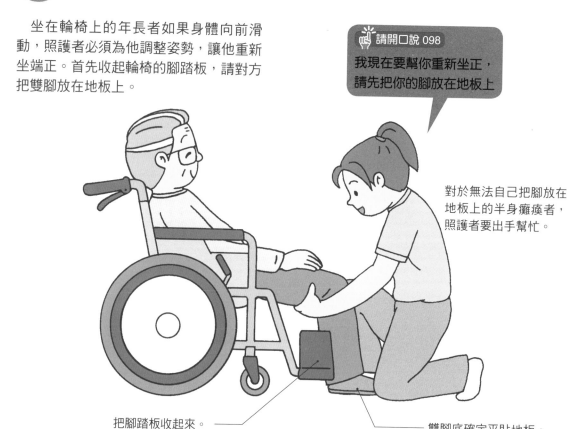

把腳踏板收起來。

雙腳底確定平貼地板。

安全 CHECK　**如果坐姿不良**

　　肌力衰弱的年長者如果長時間坐著，容易出現臀部向前滑動等不良姿勢。在這樣歪斜的姿勢下飲食，常常會嗆咳，或因為受力不均而導致臀部褥瘡。所以只要一發現年長者的坐姿歪了，必定要立刻請他重新調整。

> 🚫 **NG 動作！**
>
> 　　坐在輪椅上調整姿勢時，如果把腳放在腳踏板上，一起身就可能造成輪椅重心不穩而翻倒。所以每次調整姿勢的時候，必定要不厭其煩的收起腳踏板。

第 7 章 ● 坐輪椅的照護

STEP 2 請對方挺起背

出聲提示以後，為了方便調整姿勢，應該先請對方把背挺起來。肌力不足而挺不起來者，照護者要加以協助。

請年長者背挺起來，稍微向前彎身。

請開口說 099
請先把你的背挺起來

雙腳向後收，年長者萬一做不到，照護者要出手協助。

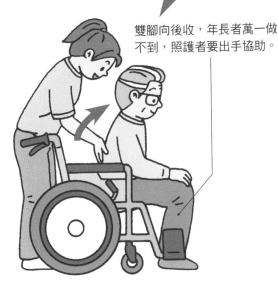

STEP 3 拉住褲頭

看著對方的雙腳確實貼在地板上，身體也微向前彎以後，提起對方的褲頭輕輕向前推。

抓緊對方的褲頭輕輕向前推。

請開口說 100
請你稍微把屁股抬起來

輪椅上的坐姿調整（照護者）

STEP 4 端正坐姿，完成調整

年長者的腰完全拱起來後，照護者抓著對方的褲頭向後拉，讓他的臀部坐滿椅面。

請開口說 101
現在我要把你向後拉喔

配合年長者的動作，抓緊對方的褲頭向後拉。

先出聲提示，再採取行動

　　你是否不等對方回答或是做出反應，就自顧自的開始行動了呢？例如，推輪椅的時候，嘴巴還在說著：「要推輪椅囉！」同一時間就推著輪椅走。你能想像這是什麼狀況嗎？對方都還沒有心理準備，你就急著行動，嚇到人不說，還可能因此害人跌倒或摔落。

　　出聲提示如同玩投接球，不等對方就定位便忽然投球，如同是偷襲，這樣玩球是玩不起來的。出聲提示並不是照護者單方面的事，對方如果無法理解你的意思、回應你的要求，就無法順利完成照護的目的。沒有獲得對方的回應，你的提示也就只是單方的命令或信號而已。

　　然而，即使是有語言障礙等問題而無法清楚表達的人，照護者也必須透過對方的習性或是自己的觀察，從其微妙的反應或是眼神等，解讀他的意思。千萬不要忘了，照護不是單向的工作，它需要雙方的同心協力才能夠完成。

我們要走囉！

嘎？

我都還沒坐好呢！

第**8**章

步行的
照護

年長者步行不僅能擴大活動範圍，
還可以給予心理和身體良好的刺
激。只是，腰腿不好的年長者卻也
容易在步行當中發生意外，所以照
護者要用心學會正確的照護方法才
好。

 # 步行的基本照護

支撐雙臂，保持平衡，移動重心

 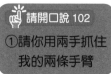 面對面站立，支撐年長者雙臂

照護者和年長者面對面站立，出聲提示以後，用雙手支撐對方的雙手。

請開口說 102
①請你用兩手抓住我的兩條手臂

照護者輕輕向前伸出兩條手臂，托住老人家手肘（不能從上面抓）。

照護者和年長者面對面站立。

請開口說 103
②請你向前跨出一隻腳

年長者如果彎身向下看自己的腳，要出聲請他把頭抬起來。

照護者用自己的腳趾抵著對方的腳趾。

請對方向前稍微跨出一隻腳。

第 8 章 ● 步行的照護

 老人家穿止滑襪不安全

安全 CHECK

乍看之下，止滑襪似乎是很理想的發明，愛用者也不少，然而年長者常常是用小碎步在走動，止滑襪的止滑功能反而會妨礙他們的腳步，害他們跌倒。年長者如果要穿止滑襪，最好將裡外反穿比較安全。

 NG 動作！

年長者因為對行動缺乏自信，所以常會不自覺的低頭看著雙腳走路，而形成彎腰駝背的姿勢。但是用不良姿勢步行，又會造成身體的負擔，因此照護者要經常提醒他們把頭抬起來。

出聲提示跨出的腳步

照護者要出聲提示年長者，把重心放在哪一隻腳，另一隻腳則稍微向後收。如此一來，向後收的一隻腳也會在照護者的動作引導下，自然向前跨出。

現在請跨出另一隻腳

照護者一面看著年長者的臉，一面支撐他的重心。

現在請把身體的重心放在左腳上

照護者把自己的重心放在右腳上。

年長者把自己的重心放在左腳上，就可以輕鬆跨出右腳。

重複STEP2~STEP3

年長者向前跨出一隻腳的同時，照護者和他相反側的一隻腳向後退，和對方一樣在走路。

這次又輪到跨出左腳囉

一步步反覆確認身體的重心移動，同時向前行進。

年長者如果具有一定步行能力

● 從身邊攙扶著他
肌力還能夠步行的年長者，照護者可以從身邊攙扶著他的手或腰部前進。

● 請他抓著照護者
請年長者用非癱瘓側的手，抓著照護者的手臂前進。

協助步行的各種輔具

配合身體狀況和使用目的加以選擇

拐杖 有的年長者十分排斥使用拐杖，但其實以拐杖助行，可有助於恢復身體機能。應配合身體狀況和使用目的加以選擇。

① T 字型拐杖
適用於不拿拐杖也可以行走的人

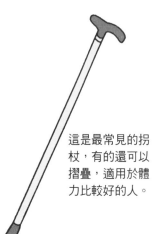

這是最常見的拐杖，有的還可以摺疊，適用於體力比較好的人。

② 多腳拐杖
適用於髖關節變形或類風濕性關節炎的人

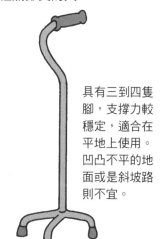

具有三到四隻腳，支撐力較穩定，適合在平地上使用。凹凸不平的地面或是斜坡路則不宜。

③ 前臂拐杖
適用於骨折、扭傷、髖關節疾病或下半身癱瘓者

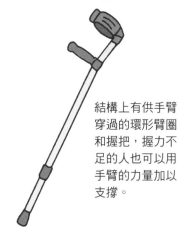

結構上有供手臂穿過的環形臂圈和握把，握力不足的人也可以用手臂的力量加以支撐。

④ 腋下拐杖
適用於骨折、扭傷或下半身癱瘓者

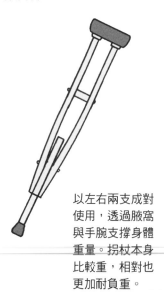

以左右兩支成對使用，透過腋窩與手腕支撐身體重量。拐杖本身比較重，相對也更加耐負重。

⑤ 單側助行器
適用於半身癱瘓、類風濕性關節炎或膝關節炎的人

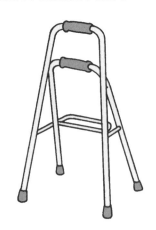

具有四隻腳，比多腳拐杖的穩定性更高。因為有兩處握把，所以也可用於輔助站立。

如何選擇體型合用的拐杖

拐杖若不合體型使用，則不僅用起來不順手而備感疲勞，也會增加跌倒的風險。使用 T 字型拐杖等，要注意手肘微彎時的手腕高度（請參照第 130 頁）；使用腋下拐杖也要配合身高，選擇合宜的拐杖高度（即：身高－ 40 公分）。

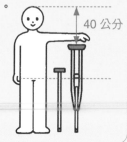

40 公分

助行器、助行推車

　　肌力不足而無法使用拐杖的年長者，可以考慮改用助行器(推車)。銀髮族使用的助行推車類似助行器，適合能夠自己行走的年長者使用。

①助行器
適用於全身肌力不足的人

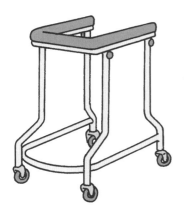

上方的骨架可以支撐手肘，進而支撐體重。用於步行訓練或是出院後的復健。

②固定型四腳助行器
適用於手臂有力，但無法用拐杖行走的人

沒有輪子的助行器，年長者要先用兩手將助行器提起，然後架在身體前方，用雙手撐著助行器前進。

③附坐椅助行推車
適用於難以持續步行的人

附有簡單的置物籃和歇腳用的小坐椅，可以給走不遠的人使用。

④助行推車
適用於沒有拐杖也能自己走的人

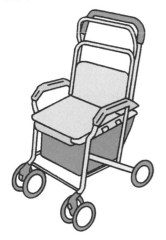

附有置物籃和歇腳用的小坐椅，有的款式還能摺疊收納。基本上只在戶外使用。

安全CHECK　使用助行推車的注意要點

　　年長者使用助行推車，應注意移動時的安全。

　　助行器是夾在身體的內側範圍使用，所以穩定性高。助行推車則不同，使用者推著走時，推車在身體前面，年長者有可能跟不上推車前進的速度。為了避免跌倒的危險，要特別提醒年長者慢慢走。

● 助行器

輔具在身體內側

● 助行推車

輔具在身體外側

使用拐杖步行 本人自主

用非癱瘓側的手持枴杖，拐杖要在腳的前方點地

STEP 1 用非癱瘓側的手持枴杖

基本上，要用非癱瘓側的手持枴杖，也就是左癱的人用右手，右癱的人用左手。而如果只有右腿癱瘓，而雙手都可以活動的人，就用左手持枴杖。

請開口說 107

請把拐杖牢牢握緊囉

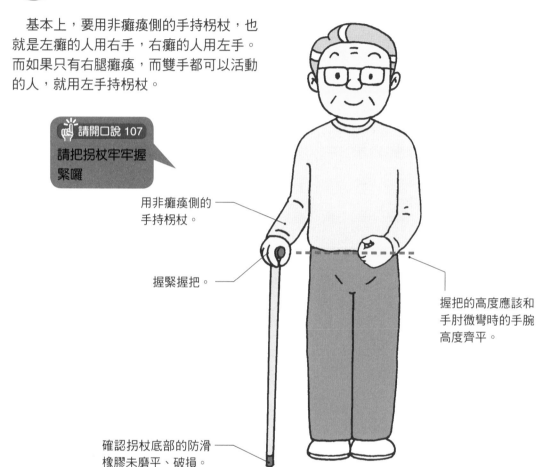

用非癱瘓側的手持枴杖。

握緊握把。

握把的高度應該和手肘微彎時的手腕高度齊平。

確認拐杖底部的防滑橡膠未磨平、破損。

請注意這裡！

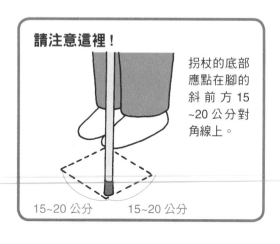

拐杖的底部應點在腳的斜前方 15~20 公分對角線上。

15~20 公分   15~20 公分

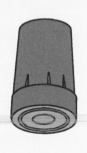

安全 CHECK

拐杖底部的防滑橡膠具有止滑和避震的作用，但是會逐漸磨損而失去效果，如果繼續使用將會有危險，請在磨平、破損之前趕緊更換。

STEP 2 拐杖直立觸地

拐杖底部點在非癱瘓側的腳斜前方 15~20 公分左右。拐杖要直立觸地，不可斜靠。

手肘微彎 30 度左右。

30 度

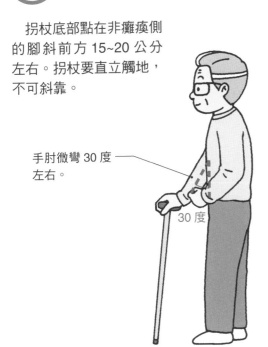

STEP 3 先跨出癱瘓側的腳

一面平衡身體的重心，一面跨出癱瘓側的腳。身體也要和拐杖一樣，跨步時和地面保持垂直。

 請開口說 108

和拿拐杖相反邊的腳，請先跨出來

用拐杖和癱瘓側的腳穩定支撐身體。

STEP 4 再跨出非癱瘓側的腳

用拐杖支撐身體，接著跨出非癱瘓側的腳。過程中拐杖不離地、不移位，以便穩定重心。

 請開口說 109

和拿拐杖相同邊的腳，請跨出來

可以的話，非癱瘓側的腳要比癱瘓側的腳稍微跨出去一點。

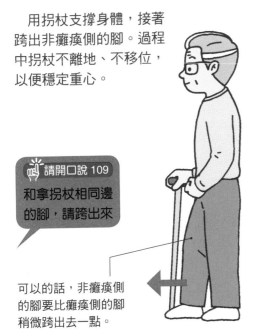

STEP 5 重複STEP2~STEP4

拐杖頂地→跨出癱瘓側的腳→跨出非癱瘓側的腳，以如此順序慢慢向前踏穩每一步，自然就會走出去。

使用助行器、助行推車步行 本人自主

每一步切實著地，確保步行安全

(一)使用助行器

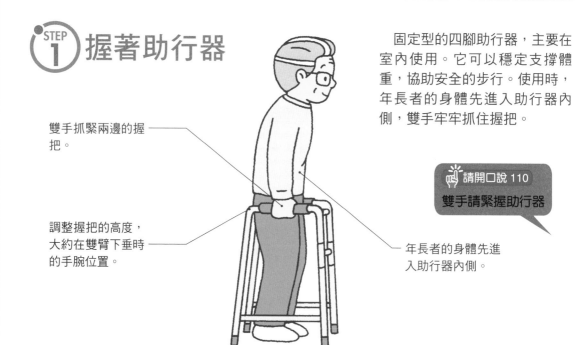

STEP 1 握著助行器

雙手抓緊兩邊的握把。

調整握把的高度，大約在雙臂下垂時的手腕位置。

固定型的四腳助行器，主要在室內使用。它可以穩定支撐體重，協助安全的步行。使用時，年長者的身體先進入助行器內側，雙手牢牢抓住握把。

☝ 請開口說 110
雙手請緊握助行器

年長者的身體先進入助行器內側。

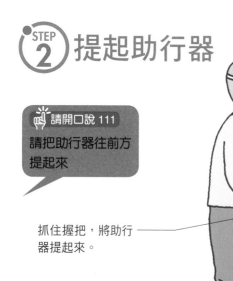

STEP 2 提起助行器

☝ 請開口說 111
請把助行器往前方提起來

抓住握把，將助行器提起來。

抓住握把，將助行器往身體的前方提起。現在的助行器多數已經採用輕便而堅固的材質，女性也可以安心使用。

助行器並不是朝正上方提起，而是以手肘為支點，向前揮出去。

使用助行器需要一定的腕力，偏癱的人無法使用。

STEP 3　助行器頂地，步伐向前進

　　把向前揮出去的助行器扣在地上，確定四隻腳都著地以後，把身體重心負載於握把上，向前邁開一步。重複 STEP2~STEP3，腳步就會不斷前進。

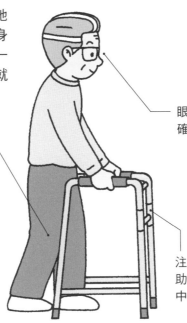

請開口說 112
請把助行器往前方揮出去

眼睛不能只看腳下，也要確認前方的狀況。

將重心放在助行器上，雙腳一步步輪流向前邁出去。

注意地板不平整的凹洞，助行器的腳萬一陷入其中，會造成重心不穩。

(二)使用助行推車

　　裝有輪子的助行推車，即使是腕力不足的年長者也可以輕鬆使用。但是反過來說，它的穩定度就不如助行器，使用上恐有跌倒的風險。所以身體不可和助行推車距離太遠，靈活操控剎車才能夠維護步行安全。

請開口說 113
一感覺狀況不對，就要趕緊剎車喔

握把的高度應比照助行器的標準，調整到雙臂下垂時的手腕位置。

一面推助行推車，雙腳一步步確實踏穩。

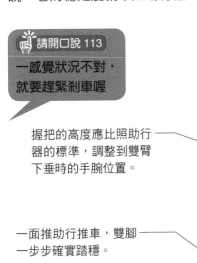

抓好握把，雙手隨時準備拉剎車。

注意，助行推車不同於助行器，身體如果太切入車子的內側，容易翻倒推車。

135

使用枴杖上下樓梯 本人自主

無論上下樓梯，身體都要和階梯保持斜角

(一)上樓時 半癱

STEP 1 枴杖先上一階

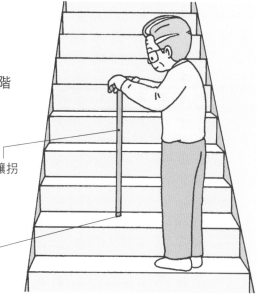

身體和階梯保持斜角（也就是不要正面對著階梯），雙手緊握枴杖，再提起枴杖先上一階。

雙手緊握枴杖，讓枴杖先上一階。

 請開口說 114
請讓枴杖先上一階

枴杖的底部要點在每一階踏板的中央。

STEP 2 抬起非癱瘓側的腳

抬起非癱瘓側的腳登上這一階，讓非癱瘓側的腳支撐體重，再提起癱瘓側的身體。

重複 STEP1~STEP2 的動作，就能夠一步步登上階梯。

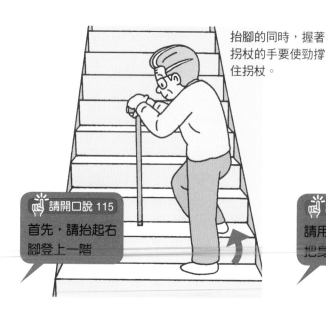

抬腳的同時，握著枴杖的手要使勁撐住枴杖。

請開口說 115
首先，請抬起右腳登上一階

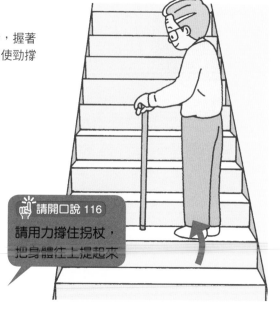

請開口說 116
請用力撐住枴杖，把身體往上提起來

(二)下樓時 [半癱]

STEP 1 拐杖先下一階

和上樓的要領一樣,身體和階梯保持斜角,拐杖先下一階。這時候容易因為害怕而盯著腳往下看,但應注意視線仍然要稍微看向前方。

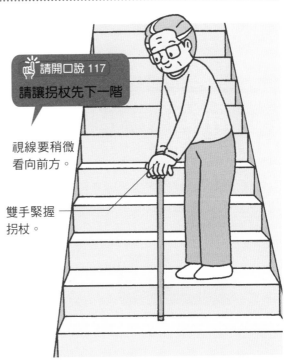

請開口說 117

請讓拐杖先下一階

視線要稍微看向前方。

雙手緊握拐杖。

NG 動作!

拐杖的底部要點在每一階踏板的中央。如果點在踏板的邊緣,會有滑落的危險。

STEP 2 放下非癱瘓側的腳

拐杖在下一階撐穩以後,讓非癱瘓側的腳先下這一階,接著才是癱瘓側的腳。雙腳在同一階的踏板上站好。

重複 STEP1~STEP2 的動作,就能夠一步步走下階梯。

非癱瘓側的腿要先行動,每次都稍微屈膝再著地。

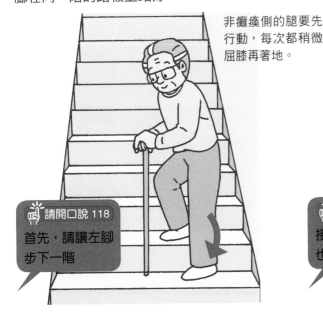

請開口說 118

首先,請讓左腳步下一階

請開口說 119

接著,請讓右腳也步下一階

使用拐杖上下樓梯(本人自主)

利用扶手上下樓梯 本人自主

抓緊扶手支撐身體，保持重心平衡

(一)上樓時 半癱

STEP 1 用非癱瘓側的手握緊扶手

站在階梯前，輕輕伸出非癱瘓側的手，握住前方不遠的階梯扶手，並握緊扶手。

🖐 請開口說 120
請用右手抓緊扶手

抓住身體前方不遠處的階梯扶手。

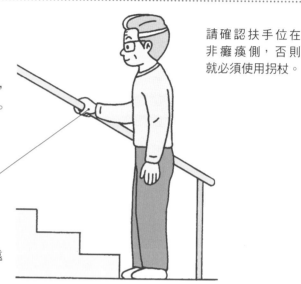

請確認扶手位在非癱瘓側，否則就必須使用拐杖。

STEP 2 非癱瘓側的腳登上一階，把身體向上提起

非癱瘓側的腳登上一階以後，以這一腳承載體重，把癱瘓側的身體向上提起。

重複STEP1~STEP2的動作，就能夠一步步登上階梯。

抓住扶手，先不要有動作。

🖐 請開口說 121
請抬起右腳登上一階

🖐 請開口說 122
接著，請抬起左腳登上同一階

第 8 章 ● 步行的照護

（二）下樓時 半癱

STEP 1 用非癱瘓側的手握緊扶手

和上樓時一樣，輕輕伸出非癱瘓側的手，握緊前方不遠處的階梯扶手。

可以比照第 135 頁那樣，下樓或上樓過程中，身體和階梯呈斜角行進。

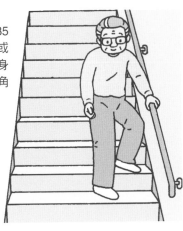

視線落在稍前方。

注意，手如果抓得太低，身體會向前傾而造成危險。

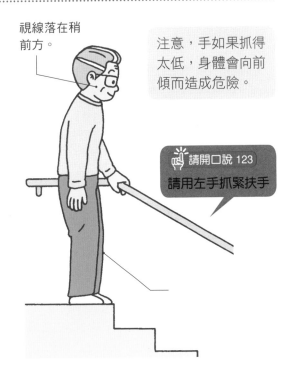

請開口說 123

請用左手抓緊扶手

STEP 2 每階都要讓兩腳同時停留踏板上，再依癱瘓側先、非癱瘓側後的順序下階梯

一面用非癱瘓側的腳與扶手承載體重，一面讓癱瘓側的腳步下一階，接著非癱瘓側的腳才步下同一階。雙腳必須先在同一階停頓站穩，然後才繼續步向下一階。

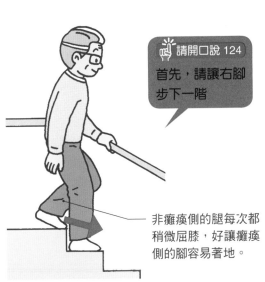

請開口說 124

首先，請讓右腳步下一階

非癱瘓側的腿每次都稍微屈膝，好讓癱瘓側的腳容易著地。

請開口說 125

接著，請讓左腳也步下一階

重複 STEP 1 ~STEP2 的動作，就能夠一步步走下階梯。

耐心傾聽，不打斷對方說話

　　照護者雖然用活力十足的口吻和受照護者說話，但是對方可能有語言障礙等問題，而難以表達，或是無法立即反應。如果是你，這時候會怎麼做？是否不等對方把話說完，就急著打斷他的話，只顧自己說下去。那麼，請趕緊修正這樣的應對態度。

　　說話的速度每個人不同，上年紀以後，不少人說話的速度已經趕不上思考的速度。照護者如果不能同理對方想要表達的努力，一再打斷他們說話，這會讓他們退縮，或是萌生罪惡感，對自我表達變得消極。

　　照護者與受照護者若想要建立良好關係，那麼照護者首先要保持內心的從容，耐心傾聽對方慢慢把話說完，然後才做出適當回應。這一點千萬不可輕忽。

第 9 章

飲食的
照護

飲食不單只是用來補給營養，還是
生活中的一大樂事。尤其是纏綿病
榻的患者，日子往往單調缺乏變
化，飲食就成為讓生活繽紛有趣的
重要點綴。讓我們學會如何吃得開
心、吃得確實吧！

飲食的重要性

「吃」等同於「活命」

(一)不只要吃，還要吃得開心

吃飯不單只是為了補給身體所需的營養。吃得美味、吃得心滿意足，身體就會感到活力泉湧，心情自然好起來。又如果是和家人朋友邊聊邊吃，更是樂趣無窮。願大家都來製造更多的用餐情趣吧！

第 9 章 ● 飲食的照護

● **與家人同桌用餐**
和家人同桌，邊吃飯邊聊天，用餐樂趣倍增。

● **講究用餐姿勢**
調整餐桌椅或是輪椅的高度，好讓家人可以用端正的姿勢舒適用餐（請參照第 182 頁）。

● **關掉電視機**
開著電視吃飯，注意力無法專注在用餐這件事。

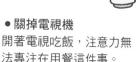

● **吃當季食材**
當季的食材不僅美味，而且營養豐富，也可以成為餐桌上討論的話題呢！

(二)「從嘴巴吃進去」的重要性

從嘴巴吃東西這件事，意味著可以自主的把食物吃進體內、攝取營養。因為重病或是身體機能障礙，不經本人的意思，直接用胃造瘻管灌食或點滴注射，把營養輸進體內，久而久之不只大腦和身體的機能衰退，本人也會失去活命的意願。因此，在惡化到這個地步之前，即使身體有些不聽使喚，也要盡可能自己用嘴巴吃東西。

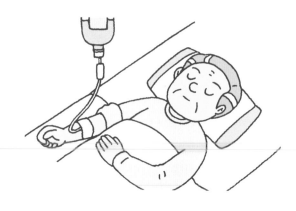

(三)「不想吃」的解決方法

有時看似沒有特別的理由，但年長者就是不想吃飯。親友或許會擔心他是否生病了，但很多時候其實是心理因素影響了他的食慾。醫師診斷後，如果確定身體無恙，那麼照護者可以嘗試以下的解決方法協助他。

食慾不振的原因

運動量不足
年長者的運動量通常很有限，和年輕時候相比，整體的能量消耗不足。

味覺、嗅覺退化
上年紀以後，味覺、嗅覺和視覺等感官都不再敏銳，也因此難以享受食物的色香味。

情緒不穩定
身體機能衰退與環境變化，都可能讓年長者萌生孤獨、失落、疏離等的負面情緒，而鬱鬱寡歡。

促進食慾的小用心

活潑好動過一天
在年長者體力可以負擔的範圍內，增加日常活動的機會，自然會比較容易肚子餓。

吃愛吃的東西
斟酌營養的均衡，把年長者愛吃的食物加入菜單裡。

肚子餓再吃
不餓就不要勉強吃，等到餓了再吃也可以。

到外面餐館打牙祭
偶爾上高級餐館換換口味，不失為刺激食慾的方法。

叫外送或買外食
偶爾叫外送或買外食，還可以減輕照護者做菜的負擔。

安排親友聚餐
和家人一起用餐很重要，三不五時也可以安排好友或家族聚餐。

闔家圍爐吃火鍋

全家圍爐吃火鍋，有魚、有肉、有豆腐、有青菜，又能充分攝取水分。將魚或肉做成魚板、肉丸之類，年長者也可以輕鬆吃，而圍爐的熱鬧氣氛則容易讓年長者食慾大開。

飲食的重要性

均衡飲食的重要性

蛋白質特別容易缺乏，應積極攝取

(一)年長者容易缺乏的營養素

上年紀的人通常偏好清淡口味，對油膩的食物敬而遠之，食量也變小了。不放油的少量飲食給人有益健康的印象，卻可能引發營養失調的結果。尤其是年長者很容易缺乏以下營養素，應該透過每天的飲食充分攝取才好。

蛋白質
血液與肌肉的主要成分。缺乏蛋白質會影響免疫力與腎臟機能。

礦物質
骨骼、牙齒、血液等的主要成分，能調節身體機能。礦物質缺乏會造成骨質疏鬆、貧血等症狀。

維生素
調節身體機能，賦予對抗細菌等病原體的抵抗力，又能維護皮膚的健康。

食物纖維
幫助排便，吸收體內有害物質，具有預防生活習慣病的作用。

(二)營養不足的危險

所謂營養不足，是指飲食攝取的熱量與蛋白質不足以用來維持健康的狀態。年長者營養不足，身體的所有機能都會衰退，如果不改善，有可能臥床不起。

●營養不足的惡性循環

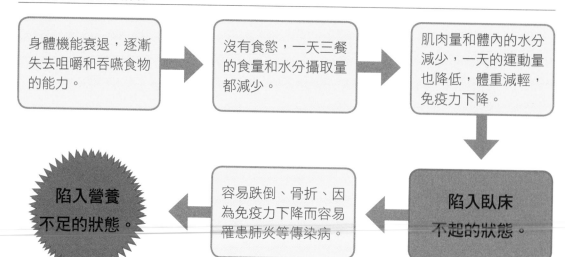

身體機能衰退，逐漸失去咀嚼和吞嚥食物的能力。

沒有食慾，一天三餐的食量和水分攝取量都減少。

肌肉量和體內的水分減少，一天的運動量也降低，體重減輕，免疫力下降。

陷入臥床不起的狀態。

容易跌倒、骨折、因為免疫力下降而容易罹患肺炎等傳染病。

陷入營養不足的狀態。

㈢預防營養不足的飲食生活

不要以為一天吃足三餐就保證營養充足。如果膳食不均衡，一樣會營養不良。

請重新檢討一日三餐的菜單，補足容易缺乏的營養素。

攝取優良蛋白質

特別需要補充優良蛋白質，魚、肉、蛋等的攝取不可少。

吃點心

年長者牙口不好，只能吃磨碎的食物，或身體不適而缺乏食慾的時候，可以利用點心補充營養。

善用市售的營養補充品

為防止營養不良，可以善用市售的營養補充品加以補強。

每天量體重

體重減輕是營養不足的徵兆之一。應每天量體重，觀察身體變化。

■ 忙碌的時候如何預防營養不良

抽不出時間準備多樣菜色的時候，利用罐頭或超市、便利商店的熟食，也是變通的方法。在點心裡面加入優格，或是在米飯、味噌湯、什錦粥裡面多加一顆雞蛋也不錯。

均衡飲食的重要性

145

為方便吞嚥做準備

增稠或加入油脂有助滑口，讓吞嚥更容易

(一)檢查吞嚥能力

年長者的吞嚥能力差，吃東西容易嗆咳。利用以下簡單方法，可以檢測年長者的吞嚥能力。

①手指輕貼在喉頭上

照護者把手指頭輕貼在對方的喉頭上。

②吞下一口口水

咕嚕～

請年長者吞下一口口水。

③確認喉結的活動狀況

如果對方咕嚕吞下口水的時候，喉結向上滑動，就表示具有吞嚥能力。

(二)吞嚥困難的原因

①無法充分咀嚼食物

因為牙口不好等原因，無法細嚼食物，也就很難把食物吞下肚。

②食物太大塊

切細剁碎的食物，吃進嘴巴以後，可以用舌頭壓碎。但是口腔或舌頭不靈活的年長者，無法協調這些部位的肌肉，順利將食物吞進去。

③吞嚥能力不足

吞嚥動作來自身體的「吞嚥反射」，這一反射的機能退化，就無法順利吞嚥而容易嗆咳。

●對策

· 「把食物煮軟」，但不要切太碎。

注意 事先把食物剁碎切細，食物容易卡在齒縫間，反而不利咀嚼，也容易落入氣管，引發嗆咳。

●對策

· 為了幫助吞嚥，做菜時可以勾芡增稠，或是把食物切成一口大小。
· 飲料勾芡，有助於順利吞嚥，預防嗆咳。

注意 事先把食物剁碎切細，細碎的食物分散在口腔裡不易集中，反而不利吞嚥。此外，沒有黏稠度的液體能快速滑過喉嚨，卻也因此容易引發嗆咳。

(三)如何讓食物更容易吞嚥

　　如何讓食物通過喉嚨時滑順好吞嚥，是調理的重點。可以加太白粉等勾芡增稠，或是多放一點油脂幫助滑口。

勾芡增稠

●太白粉

在湯品或水煮的菜餚裡面調入太白粉水。太白粉水的比例為1份太白粉對2~3份的水。煮法是一面熱菜，一面緩緩倒入調勻的太白粉水。

●吉力丁

在熱飲裡面加入吉力丁，加熱以後就會變濃稠，讓飲料滑口易吞嚥。

●增稠劑

食品增稠劑

市售的增稠劑方便調整黏稠度，可用於烹調食物或飲料。

加入油脂

●加入美乃滋

美乃滋

在食物裡面加入美乃滋等油脂含量高的醬料，食物容易在口腔裡集中，方便吞嚥。

●加入油脂多的食材

芝麻醬

鮮奶油

善用芝麻醬、鮮奶油或油蔥醬等富含油脂的食材。不過要留意使用量，以免年長者攝取過多的油脂。

小火長時間烹煮

●把食物煮軟

將比目魚等白肉魚，或是白蘿蔔等根莖類長時間小火熬煮柔軟，吃的時候切成適口大小。

▌哪些是不易吞嚥的食材？

　　年長者喜愛的食物，像是醋漬小菜、麻糬、烤海苔等，有時未必適合他們食用。照護者要衡量對方的狀況，開出合適的菜單。

- 偏硬的肉類或蔬菜
- 纖維粗硬的蔬果
- 黏性大的麻糬、年糕等（容易噎到）
- 韭菜、菇類等（容易塞牙縫、在嘴巴裡嚼不爛）
- 乾巴巴的麵包、餅乾等
- 黃豆粉等粉狀物
- 海苔、海帶等（一不小心可能黏在喉嚨下不去）
- 酸嗆的醋漬物（可能引發嗆咳）
- 麵類（烏龍麵等的長麵條）

為容易嚼食做準備

善用烹調方法和輔助餐具開心吃飯

(一)講究烹調方法

年長者因為咀嚼和吞嚥能力退化，對飲食往往失去興趣。做菜的人多用一點心，可以讓他們樂於享用。

人體具備多種飲食機能，首先要了解家人的哪幾項機能變差，然後適度調節食物的份量、大小、軟硬度、黏性等。如果是咀嚼能力不足，可以在食材上多劃幾刀，或是煮到舌頭可碾爛的程度；如果是吞嚥能力退化，那就加一點勾芡等等。

	主食	主菜	配菜
容易咀嚼	〔米飯〕 ●米飯煮軟一點。 ●煮成粥。 　全粥〔米 1：水 5〕 　五分粥〔米 1/2：水 5〕 〔麵類、麵包等〕 ●將麵條剪短。 　不吃太 Q 彈的麵條。 ●麵包沾牛奶等浸軟以後再吃。	〔肉〕 ●選擇帶適度油花的部位（豬里肌、雞腿等）。 ●去筋，讓肉質更柔軟。 〔魚〕 ●選擇加熱也不會變硬的魚（鱈魚、比目魚等）。	〔蔬菜〕 ●直角切斷纖維。 ●厚度以 0.5~0.8 公分為佳。 ●劃刀痕或刨絲。 ●煮軟。 
容易吞嚥	〔米飯〕 ●用食物處理機或是食物攪拌棒處理成粥一樣的糊狀。 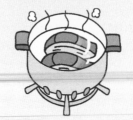	〔肉〕 ●煮到用筷子也能撥散的柔軟度。 〔魚〕 ●肉質柔軟的魚稍微煮過以後，在篩網上用湯匙趁熱壓碎並過篩。	〔蔬菜〕 ●煮軟。 ●燴炒勾芡增加滑口性。 ●把湯汁煮到濃稠。 

第 9 章 ○ 飲食的照護

(二)善用輔助餐具

有些年長者因為肌力不足或是癱瘓，手部不靈活，無法自己將食物送進嘴裡，因此每到用餐時刻就備感壓力。這時候，我們應該盡力協助，讓他們自己親手吃飯，一來滿足年長者的成就感，也讓飯菜吃起來特別香。

近年來，市面上出現各種方便銀髮族自己進食的輔助餐具，不但種類豐富，而且設計新穎。我們可以斟酌年長者的使用需要，選擇機能、尺寸、重量等適合的餐具，讓年長者享受自己動手吃飯的樂趣。

勾芡增稠

●進食輔助筷

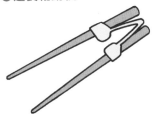

彈簧設計讓筷子自動歸位，不能勝任細部動作的人一樣可以輕鬆使用。

●胖胖握柄叉、湯匙

握柄包覆特殊發泡樹脂，握力不足的人也可以握得牢。

●多用途湯匙筷

頂部的彈簧讓撥取、夾取、切斷、插入、挑取等動作變得容易。

食器類

①勺型碗

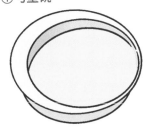

特殊弧形設計，可將食物引至碗底，方便舀食。

②帶柄輔助餐碗

附有大型手把，好拿不滑落。

③斜口杯

去掉了喝水時鼻子可能碰到的部分杯緣，如此一來，頭頸不必大幅向後仰就可以喝到水。

④止滑吸盤

矽膠製的止滑吸盤可防止碗盤傾倒。

⑤附吸管易飲杯

可以防止飲料溢出。

⑥防滑餐墊

可將餐具固定在餐盤上，單手也可以進食。

用餐的姿勢

把椅面坐滿，身體稍微向前傾

(一)用餐的正確姿勢

用餐時，人體會自然而然收下巴，因為這樣可以打開食道，讓吞嚥變容易。為了

保持這一正確姿勢，吃飯時應該盡量把椅面坐滿，身體微微向前傾。

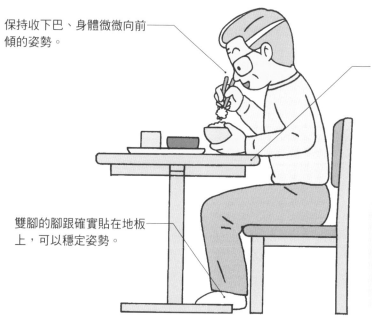

保持收下巴、身體微微向前傾的姿勢。

餐桌的高度，以 90 度直角彎曲手肘時，手肘與桌面齊平的高度為適宜。

雙腳的腳跟確實貼在地板上，可以穩定姿勢。

椅背以沒有傾斜角度的垂直式為佳，臀部要坐滿椅面。對半身癱瘓的老人家來説，餐椅如果有扶手會方便很多。

審訂註：桌面高度約齊肚臍位置，若年長者雙腳踏不到地板，可在腳底加墊子。

🚫 NG 動作！

彎腰駝背

姿勢過度前傾，變成彎腰駝背，此時喉嚨及腰部受到擠壓，導致吞嚥需要用更大的力量造成吞嚥困難。

坐太淺

屁股向前滑出椅面，雙腳必須抵住地板，身體才不會掉出去。這容易造成人體處在緊張狀態，不利於飲食。且坐太淺易造成身體及頭部後仰，食物容易誤入氣管，引發嗆咳。

(二)在床上用餐的姿勢

平日臥床的年長者，一到用餐時間還是應該坐起來吃飯。不過，睡搖桿床的年長者如果只是搖起上半身，還是很難維持前傾的正確用餐姿勢，所以要刻意把上半身坐起來才好。

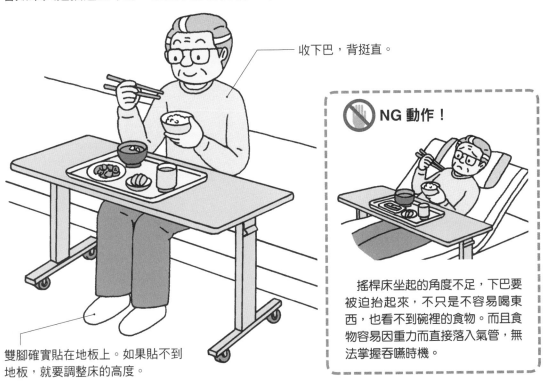

收下巴，背挺直。

🚫 **NG 動作！**

搖桿床坐起的角度不足，下巴要被迫抬起來，不只是不容易喝東西，也看不到碗裡的食物。而且食物容易因重力而直接落入氣管，無法掌握吞嚥時機。

雙腳確實貼在地板上。如果貼不到地板，就要調整床的高度。

(三)在輪椅上用餐的姿勢

移動到餐桌前吃飯有困難的話，有的人會直接留在輪椅上用餐。輪椅的椅背若是有傾斜角度，記得在背後加靠墊，把上半身直立起來，以保持前傾的姿勢。

餐桌的高度比照第 182 頁的標準。考慮到可能碰撞輪椅的扶手，所以餐桌不宜太高。

輪椅的椅背角度若不合適，必須用靠墊做適度調整。

固定剎車，確定輪椅不會滑動。

收起腳踏板，好讓兩腳可以平貼在地板上。

用餐照護的注意要點

坐在年長者身邊，食物由下往上送入口中

(一)坐在年長者身邊提供協助

年長者半癱或是患有認知障礙而無法自己用餐時，照護者應提供協助。方法是坐在對方身邊，和他一起用餐，方便了解他的吃飯速度和順序，從旁提供適當的協助。

坐在年長者身邊，和他從同樣的角度看著餐盤上的飯菜。

兩人一起吃同樣的飯菜，可以掌握吃飯的順序和速度。

餵食的時候，也要請年長者身體稍微向前傾。

餵食半癱的人，照護者要坐在他非偏癱的那一側。

NG 動作！

站著餵食

當照護者站著餵食，食物送進口中的位置偏高，年長者就無法維持身體前傾的姿勢，造成吞嚥困難。

審訂註：站著餵會讓老人家自然仰頭去接食物，造成食物容易誤入呼吸道引起嗆咳。

面對面餵食

乍看之下似乎很理想，但是面對面坐著，容易給人壓迫感，有的年長者會因此失去胃口。

審訂註：面對面餵食較無法控制餵食深度，湯匙一不小心容易插太深。

第9章 ● 飲食的照護

(二)食物由下往上送入口中

飲食的基本姿勢，是身體微微向前傾。食物如果從上方送進嘴裡，身體必須上仰而容易嗆咳，或是造成吞嚥障礙。餵食年長者的時候，食物務必要從低於嘴巴的位置送進嘴裡。

①用湯匙取適量的飯菜

先問對方想吃什麼，取湯匙的一半量。

湯匙的大小應合於嘴巴。

②湯匙從低於嘴巴的位置送進嘴裡

湯匙從嘴巴的下方往上送入對方口中，將食物放在舌頭中央。

一口的分量大約是一茶匙。

③湯匙從嘴巴的斜上方抽出來

食物放進口中以後，請他把嘴巴閉起來，湯匙沿著上唇從嘴巴斜上方抽出來。

 **NG 動作！**

湯匙如果從上方送進嘴裡，容易引起嗆咳、食物誤入呼吸道。因此餵食的湯匙務必要從低於嘴巴的角度送進嘴裡。

▌臥床的飲食照護

● 在床上的餵食

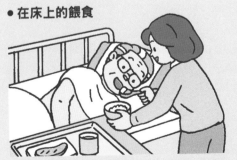

癱瘓側在上，頭部和背部用捲起的毛巾或靠墊等墊高，墊高頭部有助於吞嚥。

審訂註：由於姿勢問題，盡可能還是避免在床上餵食。

● 向上仰躺的餵食

除了用搖桿床抬高上半身以外，還要在頭部下方墊枕頭或靠墊等，不讓下巴往上仰起。

飲食後的口腔照護

連刷牙都清除不了的口腔污垢，也要清理乾淨

(一)口腔衛生的照護很重要

飲食後刷牙，是常保口腔清潔不可欠缺的重要工作。口腔的清潔不只是刷牙而已，牙齦、舌頭、內頰等都會藏污納垢，如不妥善清理，容易成為牙周病的溫床。去除污垢、維持口腔環境的清潔，是口腔照護的目的。

促進唾液分泌

口腔環境髒污，會影響唾液分泌，令口腔乾燥而助長細菌繁殖。

清潔口腔污垢，給予適度刺激，可以保持唾液分泌的通暢。

預防肺炎

年長者容易罹患吸入性肺炎，往往是因為口腔裡剩餘的食物殘渣或細菌誤入呼吸道所引起。

每天確實清潔口腔，不讓細菌有繁殖的機會，可以預防吸入性肺炎。

審訂註：尤其是使用鼻胃管，導致張口呼吸者，更要注意此情形。

預防失智症

做好口腔的清潔保養，能預防牙周病與蛀牙。

年長者可以用自己的真牙咀嚼食物，不僅能夠預防營養不良，也可以給予腦部適當的刺激，有效預防失智症。

(二)口腔容易堆積污垢的部位

仔細刷牙就可以去除牙齒上大半的污垢，但是牙齒以外的部分還是殘留著髒污。讓我們仔細為年長者清潔口腔吧！

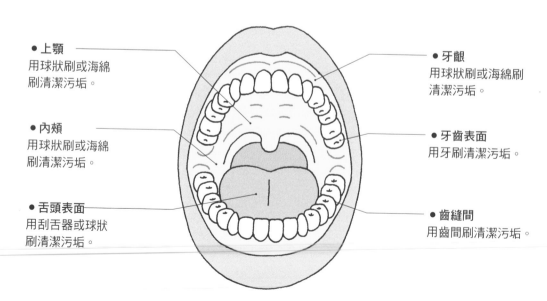

● 上顎
用球狀刷或海綿刷清潔污垢。

● 內頰
用球狀刷或海綿刷清潔污垢。

● 舌頭表面
用刮舌器或球狀刷清潔污垢。

● 牙齦
用球狀刷或海綿刷清潔污垢。

● 牙齒表面
用牙刷清潔污垢。

● 齒縫間
用齒間刷清潔污垢。

(三)口腔照護的順序

口腔照護與一般的刷牙程序其實大同小異。除了牙刷以外，應準備牙間刷等必要的潔牙工具。首先漱口，濕潤口腔，然後順著牙齒、黏膜、舌頭的次序，依序清潔，最後不要忘了再次漱口。

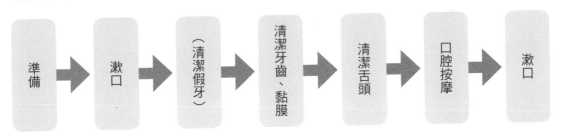

準備 ➡ 漱口 ➡ （清潔假牙） ➡ 清潔牙齒、黏膜 ➡ 清潔舌頭 ➡ 口腔按摩 ➡ 漱口

(四)假牙的清潔

清潔假牙應採用假牙專用的牙刷等工具。容易堆積殘垢的齒縫之間與內側，要特別仔細清理。此外，潔牙粉或研磨劑會在假牙表面造成細小的刮痕，最好以假牙專用的清潔劑來清洗。

用假牙專用牙刷清洗

在水龍頭下一面沖水一面刷，由於假牙不耐摔，因此下面要先盛一盆水，萬一假牙不小心掉落，也會掉在水盆裡。

使用假牙清潔劑的注意要點

浸泡假牙清潔劑雖然可以讓污垢浮出表面，但還是無法去除塞在牙縫間的殘垢等。所以仍須以牙刷清理。

口腔的清潔用具

口腔中容易堆積齒垢的部位（請參照第 186 頁），可以用方便的小工具來清潔。

●牙齦	●牙齒表面	●齒縫間	●舌頭表面	●內頰與上顎
海綿刷 球狀刷	牙刷	齒間刷	刮舌器 球狀刷	海綿刷 球狀刷

155

不以自己的方便為優先

　　照護者除了與年長者對話的互動過程中，可能出現不少錯誤行為，其他易犯的無心之過，本書也會在接下來的「小叮嚀」加以提醒。

　　以居家看護來說，要兼顧打理家務和照護工作，是非常難以兩全的挑戰。「我何嘗不想要對年長者面面俱到，可是家事堆積如山，根本沒有時間。」因此就在不知不覺間以速度為優先，想要加快照護的節奏，然而這是非常危險的事。例如，為了想要早一點收拾碗筷，催促對方吃快點，可能害他情急之下噎到而發生危險。

　　又比如穿脫衣服時，其實只要多花一點時間，對方就可以自己完成，可是照護者講求效率，所以樣樣代勞比較快。這就違反了自立支援照護的基本原則，亦即「盡可能讓本人完成自己能力可及的事」。如此將妨礙年長者善用自己剩餘的自理能力，而越來越無法自主。整理家務以保持居家環境的乾淨舒適固然很重要，可是讓年長者安心生活、學習自理更要緊。至於家務的整理，不妨在順序方面做調整，保留更大的彈性運用，以緩和時間壓力。

第 **10** 章

沐浴的照護

洗個澡可以讓人身心都舒暢，不過對照護者來說，浴室卻是老人家最容易滑倒和溺水的危險之地，因此本章要傳授年長者如何安全入浴的諸多要領。

沐浴的建議

讓老人家輕鬆沐浴很重要

(一)沐浴的功效

年長者多半都喜歡洗澡,可是因為身體不聽使喚、不想在家人面前赤身裸體,或害怕在浴室跌倒,所以對洗澡敬而遠之者大有人在。不過,洗澡的效用可不只是讓人神清氣爽而已,希望大家可以重新認識洗澡的強身功效,積極協助年長者享受洗澡的樂趣。

維持清潔

清除身體的污垢,能維持個人清潔衛生,常保皮膚和毛髮的健康潔淨,這些都有利於預防感染、皮膚損傷和褥瘡。

促進新陳代謝

洗澡的溫水能擴張微血管、促進血液循環,進而活絡新陳代謝。水壓又可以將囤積在腳底末梢的血液加壓回到心臟,通暢局部的微循環。

放鬆心情

全身浸泡在溫水中,可以達到舒緩身心緊繃的功效。又因為洗完澡以後的舒暢感帶來好心情,令人感到活力充沛,也有轉換心情的作用。

復健效果

在水中的浮力讓動作變得容易,加上水還有阻力,所以在浴缸裡活動身體,效果等同是進行輕度運動。

(二)理想的入浴環境

洗澡是用水的地方，所以滑倒、溺水的風險特別高，也是家中發生死亡事故最多的場所。為老人家打造安心沐浴的環境，讓身心都得以舒爽，就是善盡沐浴的最大功效。

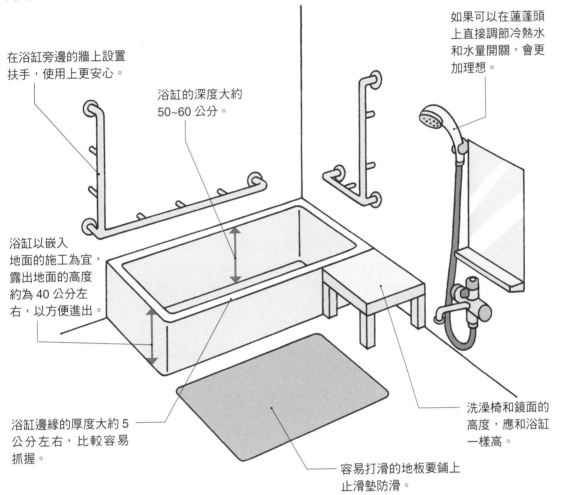

在浴缸旁邊的牆上設置扶手，使用上更安心。

浴缸的深度大約50~60公分。

如果可以在蓮蓬頭上直接調節冷熱水和水量開關，會更加理想。

浴缸以嵌入地面的施工為宜，露出地面的高度約為40公分左右，以方便進出。

浴缸邊緣的厚度大約5公分左右，比較容易抓握。

容易打滑的地板要鋪上止滑墊防滑。

洗澡椅和鏡面的高度，應和浴缸一樣高。

審訂註：浴缸長度約100~120公分為佳，避免過長，若太長可加支撐物在足部，預防沒入水中（請參考第201頁）。

▌不方便在自家為年長者沐浴時

因為經濟因素，無法改建適合年長者使用的浴室，或照護者本身也無力協助年長者入浴時，可以利用到宅沐浴車或到宅沐浴服務。專業人員會開著移動式沐浴車或送來移動式浴缸，為年長者洗澡。依地區不同，服務內容和使用者負擔金額會有差異，可以事先詢問各縣市政府社會局（處）了解。

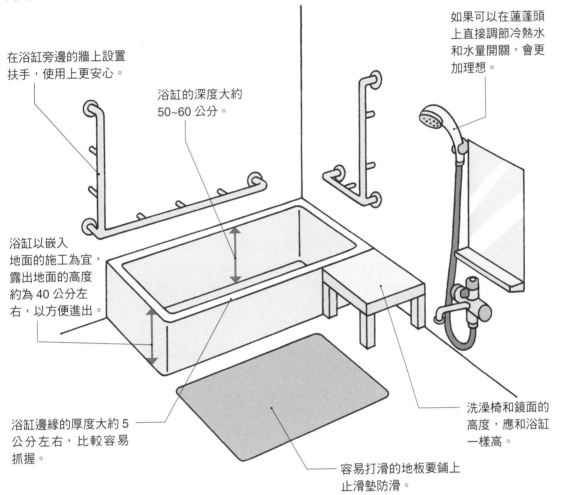

沐浴的建議

入浴時的注意要點

留意急遽的溫度變化

(一)入浴前應該確認的事項

沐浴雖然有各種強身健體的功效，不過泡熱水本身就是會消耗身體能量，可能因此耗損體力，對年長者造成莫大負擔。很多銀髮族以泡澡為樂，不過事前應該先確認健康狀況，如果狀況和平常有異，就要仔細斟酌沐浴的可行性。總之，時時關心對方的狀況變化很重要。

入浴前的確認事項

☐ 體溫是否比平時高（37℃以下則無妨）

☐ 脈搏和血壓是否正常

☐ 是否罹患感冒

☐ 臉色是否不好

☐ 皮膚有無發炎或傷口

☐ 是否很久沒進食了（餓得厲害、空腹很久）

☐ 是否已經先如廁了等等

向家人打聲招呼

年長者一個人進入浴室洗澡，就怕萬一發生意外時反應不及。所以沐浴前要先對家人說一聲，讓家人知道以後再享受洗澡的樂趣。

補給水分

沐浴過程中會出很多汗。為預防脫水，應視身體狀況，在沐浴前先喝一杯水。

出聲提示 126

先喝一杯水再洗澡吧

更衣室要先加溫

更衣室和洗澡間的溫差如果太大，在更衣室脫衣之後，體溫突然下降，導致血壓急速飆高，容易誘發心肌梗塞或腦中風。冬天氣溫低，更衣室要有暖氣設備，先溫暖環境以後再脫衣，以策安全。

我要洗澡囉！

知道了！

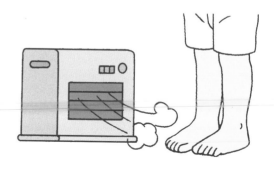

(二)入浴中的注意要點

用水之前先確認水溫

　泡熱呼呼的洗澡水，血管會急速收縮導致血壓上升。有些年長者喜歡泡熱水澡，不過我們還是建議泡溫水，讓身體慢慢溫熱起來會比較安全。

泡半身浴

　過去以為泡澡水要蓋過肩膀的高度才有良效，不過這樣的全身浴會讓胸口受到水壓的壓迫，加重心臟負擔。事實上，胸口露出水面的半身浴就已經有功效。

出浴缸時放慢動作

　從浴缸起身時，如果速度太快會造成血壓忽然下降而眩暈，增加跌倒受傷的危險。所以起身時，請確實抓好身邊的扶手後再慢慢站起來。

防溺水有方法

　曾經有年長者在大浴缸裡面泡澡，身體滑入水裡爬不起來而溺斃。浴缸周邊如果沒有加裝扶手，也可以考慮在浴缸上面加蓋，好讓身體有支撐。

▌入浴後的照護

　留意沐浴後是否出現眩暈、噁心等身體不適表現，並盡快擦乾身上的水珠以免著涼，接著確認皮膚健康狀況，如果太乾燥，要塗上保濕乳液。最後，別忘了再喝杯水補充水分。

出入浴缸 本人自主

利用和浴缸同一高度的蓮蓬頭，自己洗澡

（一）進入浴缸 半癱

STEP 1 坐在洗澡椅上，一次只放一隻腳進到浴缸

首先，坐在浴缸旁的洗澡椅上，非癱瘓側的手抓住浴缸邊緣或是扶手，一面支撐身體，一面把兩條腿依次放進浴缸裡。

 出聲提示 129

一次一條腿就好，請抬起你的腿放進浴缸裡

半癱的年長者要讓非癱瘓側的腿先進入浴缸，然後再用非癱瘓側的手扶著癱瘓側的腿進浴缸。

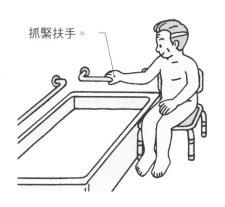

抓緊扶手。

STEP 2 身體前傾，坐在浴缸的邊緣

兩腿都放進浴缸以後，身體前傾，手扶著浴缸邊緣或是抓住扶手，臀部移到浴缸邊緣。

STEP 3 身體泡在浴缸裡

一手扶在浴缸對側的邊緣，或是抓住對側扶手，以半蹲的姿勢，慢慢放低臀部，讓身體往下沉到浴缸裡。

注意兩腳不要在浴缸裡打滑。

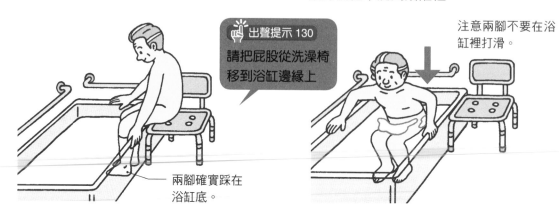

 出聲提示 130

請把屁股從洗澡椅移到浴缸邊緣上

兩腳確實踩在浴缸底。

(二) 從浴缸起身 半癱

STEP 1 抬起臀部，坐在洗澡椅上

雙手扶在浴缸的兩側邊緣或是扶手上，雙腿貼近身體。雙手使勁撐住身體站起來，然後緩緩轉動身體面對的方向，最後坐回到浴缸旁的洗澡椅上。

出聲提示 132
請把屁股對著浴缸邊緣，然後坐在上面

如果有扶手，就改抓扶手。

出聲提示 131
身體請向前彎，讓屁股浮起來

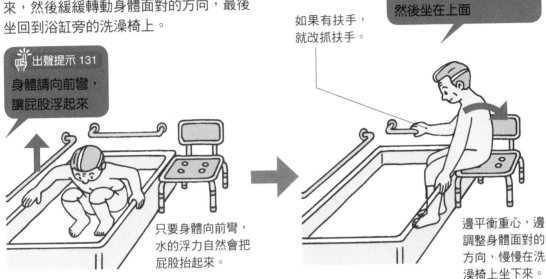

只要身體向前彎，水的浮力自然會把屁股抬起來。

邊平衡重心，邊調整身體面對的方向，慢慢在洗澡椅上坐下來。

STEP 2 伸出一條腿

在洗澡椅上坐穩以後，先將癱瘓側的腿抬出浴缸。

出聲提示 133
請慢慢將無力的那條腿抬到浴缸外面

用非癱瘓側的手抬起癱瘓側的那條腿。

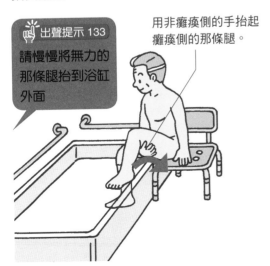

STEP 3 再伸出另一條腿

先抬出的那條腿踩在地板上，身體坐穩以後，再從浴缸裡抬起另一條腿。

握著浴缸的邊緣或扶手支撐身體。

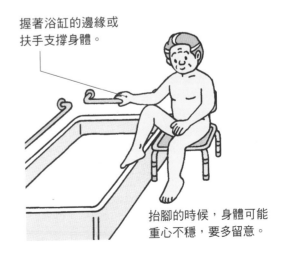

抬腳的時候，身體可能重心不穩，要多留意。

進入浴缸 照護者

照護者從身邊給予行動的支撐力

STEP 1 扶著浴缸的邊緣

即使是半癱的老人家，只要善用洗澡椅，也可以安全入浴。非癱瘓側貼著浴缸邊緣坐好，照護者則站在年長者半癱側的身邊。

出聲提示 134

要進浴缸囉

照護者站在對方身邊。

非癱瘓側的手扶著浴缸邊緣。

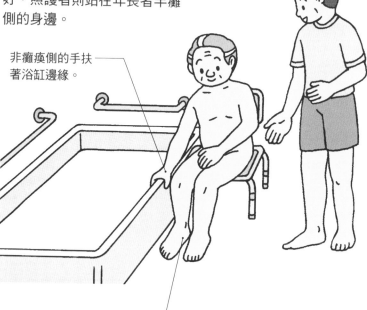

雙腳確實踩在地板上。

🚫 NG 動作！

不要因為有照護者在身邊，就有恃無恐，直接抬高臀部，將兩腳跨進浴缸。因為這樣做很容易失去重心而跌倒。

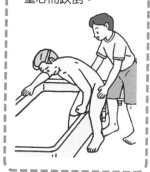

安全 CHECK 入浴前請先清除地板雜物

浴室的地板多半是磁磚等光滑的材料，一沾水就容易打滑。為了避免滑倒，應鋪上浴室止滑墊。此外，香皂和洗澡用的海綿等也要收好，不要散亂在地板上。

香皂

洗澡海綿

入浴前要先確認洗澡水的溫度

雖然說洗澡水的舒適溫度有個人偏好，不過一般而言，夏天的水溫大約是 36~38°C，冬天則以 38~40°C 為宜。在浴缸放好洗澡水以後，照護者應首先確認洗澡水的溫度適中，再請年長者將手放進水裡，二次確認水溫以後，才可以進入泡澡。

STEP 2 非癱瘓側的腿先進入浴缸

非癱瘓側的手抓住浴缸邊緣或是扶手，一面支撐身體，一面自行抬起非癱瘓側的腿，慢慢放進浴缸裡。

出聲提示 135
請抬起你的一條腿來，放進浴缸裡

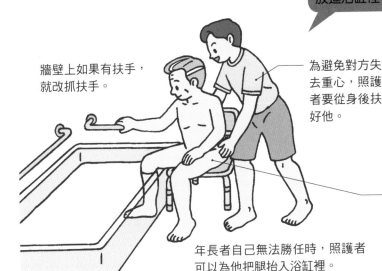

牆壁上如果有扶手，就改抓扶手。

為避免對方失去重心，照護者要從身後扶好他。

年長者自己無法勝任時，照護者可以為他把腿抬入浴缸裡。

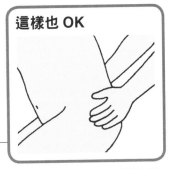

這樣也 OK

照護者用雙手的手掌心扶著年長者的腰部兩側。但千萬不要用力抓著他。

STEP 3 癱瘓側的腿放進浴缸裡

用非癱瘓側的手抬起癱瘓側的腿，慢慢放進浴缸裡。如果本人無力為之，照護者應參照下圖，為年長者把腿放進浴缸裡。

照護者若出手協助，請扶著對方的腳踝和膝關節下方，將腿抬高。

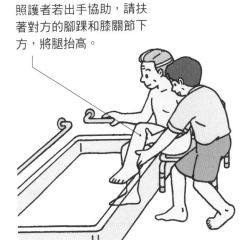

STEP 4 握住浴缸邊緣或扶手，身體浸入泡澡水中

兩腿都放進浴缸以後，用非癱瘓側的手抓住浴缸邊緣或是扶手，讓身體慢慢下沉到浴缸裡。

出聲提示 136
現在請慢慢蹲進水裡

用身體前傾的姿勢緩緩蹲下。

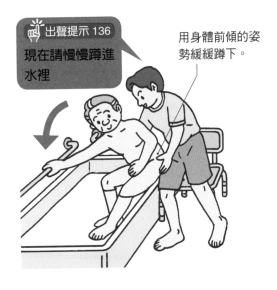

起身出浴缸 照護者

身體前傾緩緩起身，癱瘓側的腿先出浴缸

STEP 1 腿靠近身體收攏，雙手抓住浴缸邊緣

出浴缸的時候，因為水的浮力作用，起身比較容易。首先，雙手扶住浴缸邊緣，以穩定身體重心。非癱瘓側的那條腿收攏靠近身體。

出聲提示 137
右腿請靠近身體

非癱瘓側的手扶在距離身體稍遠的浴缸邊緣，以穩定身體。

非癱瘓側的腿向身體靠近收攏。

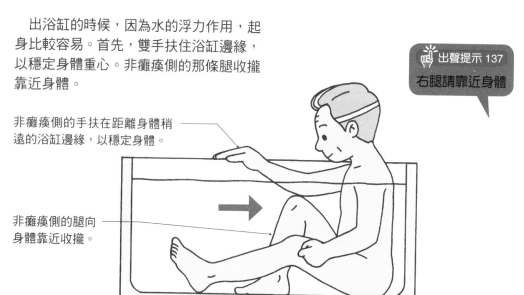

STEP 2 身體稍微向前傾，讓屁股浮起來

照護者雙手扶著年長者，將他的身體稍微向前推，而不是直接把他向上拉起來。

請年長者雙手扶著浴缸邊緣，身體向前微彎，讓臀部浮起來。照護者可以用雙手扶著對方的臀部，做為支撐。

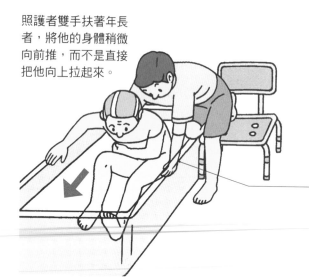

請注意這裡！

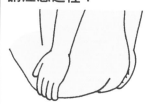

照護者用雙手支撐年長者時，手不是用抓的，而是以手掌心分別扶著他的臀部兩側。

STEP 3 把屁股移到洗澡椅上，讓年長者坐穩

當年長者屁股浮起，慢慢站起身時，要引導他把屁股移到洗澡椅上坐好。萬一坐得太淺，要請他挪動屁股重新坐穩。

出聲提示 138

請把屁股坐在洗澡椅上

確認雙腳踏穩在浴缸底。

出聲提示 139

身體都坐穩了嗎

確認身體都坐穩了。

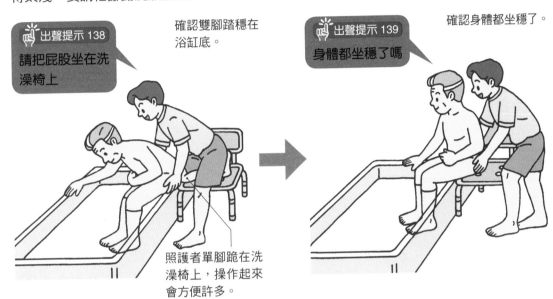

照護者單腳跪在洗澡椅上，操作起來會方便許多。

STEP 4 癱瘓側的腿從浴缸跨出來

確定年長者的手已經扶穩浴缸邊緣，照護者幫忙將癱瘓側的腿慢慢抬出浴缸外。

出聲提示 140

現在要把這條腿伸出來囉

為避免年長者翻倒，照護者要單手扶著對方的背。

STEP 5 非癱瘓側的腿再從浴缸跨出來

癱瘓側的腿在地板上踩穩以後，照護者出聲請年長者自己把非癱瘓側的腿跨出浴缸外。

年長者無法自行抬腿時，照護者應幫忙抬起他的腿。

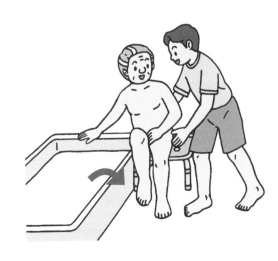

浴缸裡的姿勢

向前彎身，手抓著浴缸邊緣

(一)坐浴缸的穩定姿勢

浴缸裡的水有浮力作用，會讓身體漂浮起來而坐不穩。這時，彎身向前，雙手抓住浴缸邊緣，腳底抵住浴缸內壁，就可以穩定身體，安心泡澡。

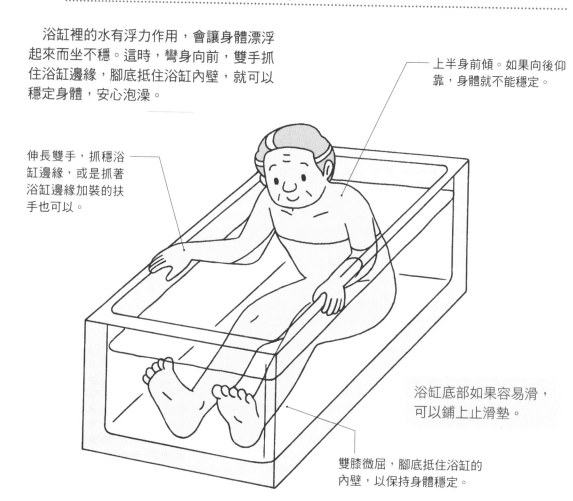

伸長雙手，抓穩浴缸邊緣，或是抓著浴缸邊緣加裝的扶手也可以。

上半身前傾。如果向後仰靠，身體就不能穩定。

浴缸底部如果容易滑，可以鋪上止滑墊。

雙膝微屈，腳底抵住浴缸的內壁，以保持身體穩定。

老人家無法向前彎身時

坐在浴缸裡的年長者因為肌力不足而無法支撐身體，或是受水的浮力影響而向後倒，無法用自己的力量採取前傾的姿勢時，照護者應該用雙手從年長者背後輕拉他的腰，之後再輕推他的背向前傾，就可以維持姿勢的穩定。

從背後輕拉年長者的腰，再輕推其後背。

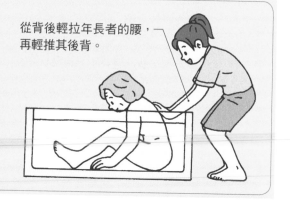

(二)為穩定的姿勢做準備

浴缸很寬時

視浴缸的長度和年長者的身高調整椅腿長度。

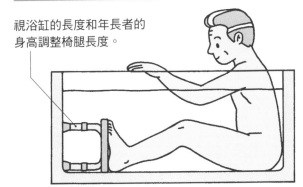

年長者個頭小，或是浴缸很長，伸長腿也搆不到浴缸內壁時，可以把洗澡椅等橫倒在浴缸底，讓腳抵在上面，就可以保持身體的穩定。

洗澡椅
選擇可以調整腳長、腳底有吸盤的洗澡椅。

浴缸太深時

將泡了熱水的毛巾蓋在肩膀上。

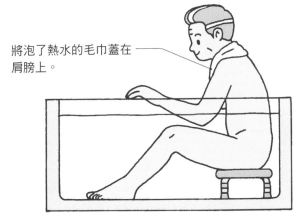

浴缸太深，會導致洗澡水的水面貼臉太近，或身體浮起而難以維持上身前傾的姿勢。這時可以把洗澡椅放在屁股下，墊高身體，就容易保持前傾姿勢。

坐在洗澡椅上，如果上半身露出水面太多而感到冷，可以將泡了熱水的毛巾蓋在肩膀上，避免身體受涼。

身體前傾會向旁邊倒時

坐在浴缸的斜角支撐身體。

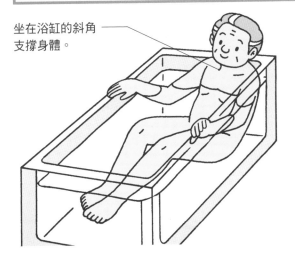

年長者半癱，或是浴缸太寬，在裡面無法坐穩，而變得歪歪倒倒時，可以坐浴缸的斜角，雙手扶在浴缸邊緣支撐身體。

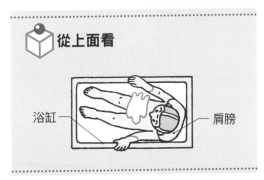

從上面看

浴缸　　　　　　　　　　肩膀

清洗身體

坐在洗澡椅上，盡可能自己動手洗澡

(一)清洗背部 本人自主

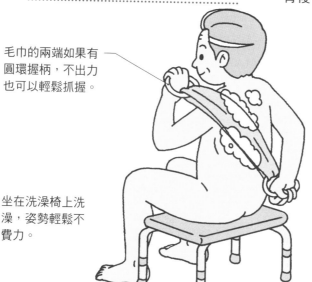

毛巾的兩端如果有圓環握柄，不出力也可以輕鬆抓握。

坐在洗澡椅上洗澡，姿勢輕鬆不費力。

清洗後背時，把塗抹了香皂的毛巾背在背後，雙手握住毛巾兩端來回搓洗。

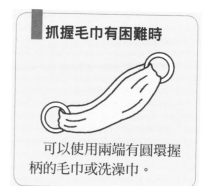

抓握毛巾有困難時

可以使用兩端有圓環握柄的毛巾或洗澡巾。

(二)清洗臀部 本人自主

坐在洗澡椅上，左右輪流抬起屁股，方便清洗。因為這樣做必須來回移動身體的重心，為防止傾倒摔落，照護者要適時出手支撐年長者的平衡。

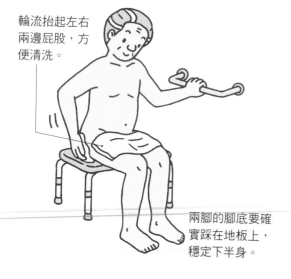

輪流抬起左右兩邊屁股，方便清洗。

兩腳的腳底要確實踩在地板上，穩定下半身。

(三)清洗手腳 照護者

半癱的年長者無法自己清洗非癱瘓側的手，照護者要代為清洗。洗腿時，則要讓年長者坐在已經調整到高度合適的洗澡椅上，採取輕鬆的姿勢。

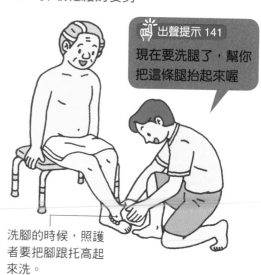

出聲提示 141

現在要洗腿了，幫你把這條腿抬起來喔

洗腳的時候，照護者要把腳跟托高起來洗。

(四)清洗臀部 [照護者]

出聲提示，請他扶著洗澡椅、扶手或是浴缸邊緣，彎身前傾。照護者站在對方身邊，為他清洗屁股。

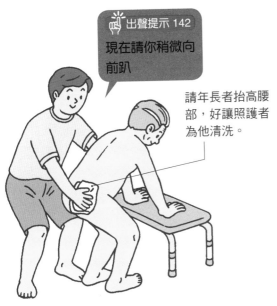

> 出聲提示 142
> 現在請你稍微向前趴

請年長者抬高腰部，好讓照護者為他清洗。

審訂註：地面溼滑要注意年長者能否站穩。

(五)清洗背部 [照護者]

和洗臀部一樣，請年長者彎身向前。年長者不耐同一個姿勢彎身太久，所以清洗的動作要迅速確實，不要拖太長時間。

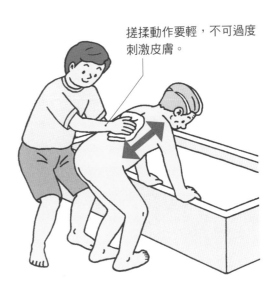

搓揉動作要輕，不可過度刺激皮膚。

(六)洗局部浴（手浴）

即使不能全身入浴，洗局部浴也能帶來好心情。手部活動多，很容易弄髒，應每天進行手浴。

水盆盛裝熱水，將年長者的雙手泡在熱水中，再為其塗抹香皂。

桌上鋪塑膠墊，上面再鋪毛巾。

背後墊枕頭或靠墊，支撐上半身坐直起來。

(七)洗局部浴（足浴）

在泡腳專用的泡腳桶或水桶注入 40℃ 熱水，讓年長者泡腳。腿腳一旦溫暖，全身血液循環都會活絡起來，達到近乎於全身浴的功效。

年長者坐床邊，雙腳泡在裝了熱水的泡腳桶裡。

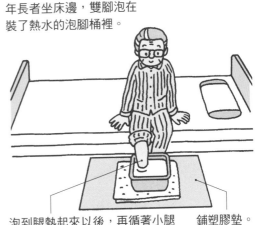

泡到腿熱起來以後，再循著小腿脛、腳踝、腳趾的順序清洗。

鋪塑膠墊。

清洗頭髮 照護者

即使臥床不起，也可以利用自製洗髮墊清洗頭髮

 STEP 1 準備好自製洗髮墊

利用簡單的自製洗髮墊，年長者即使躺在床上也能洗頭。首先在頭部四周鋪好塑膠墊，備好浴巾和自製洗髮墊，然後請對方採取如下圖的斜躺姿勢。

頭部斜躺在靠床緣的一側。

在頸部和胸部包覆毛巾以防濡濕。

洗髮墊的尾端垂入水桶裡，洗髮時讓水順勢滴落水桶。

髮絲髒污不清理，有可能引發頭皮潰爛。應每星期洗髮 1~2 次。

▌如何自製洗髮墊

①浴巾捲成長棒狀，套進網襪中，末端再用橡皮筋綁牢。

浴巾

網襪

②把①彎成 U 字型，放進大型塑膠袋的底部。

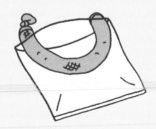

③將塑膠袋中間抹平，把多餘的空氣壓出去，再用洗衣夾固定塑膠袋的兩端。

洗衣夾

STEP 2 用洗髮精洗頭

以水壺類的容器裝 40℃ 熱水，幫對方來回倒水，將頭皮全部沾濕，再取適量洗髮精清洗頭髮。

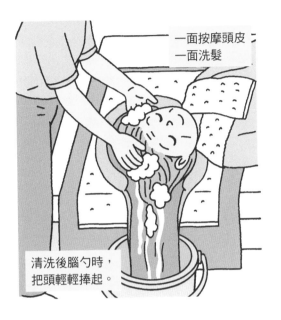

一面按摩頭皮一面洗髮

清洗後腦勺時，把頭輕輕捧起。

STEP 3 用溫水洗淨泡沫

先用毛巾吸乾頭髮上大部分泡沫，然後慢慢倒溫水沖掉殘留在頭上的洗髮精或潤絲精。

為避免水流進眼睛裡，倒水時要一點點的慢慢倒。

STEP 4 吹乾頭髮

另取乾毛巾擦拭頭皮上的水珠，再用吹風機吹乾頭髮和頭皮。確定全乾以後，用梳子把頭髮梳順。

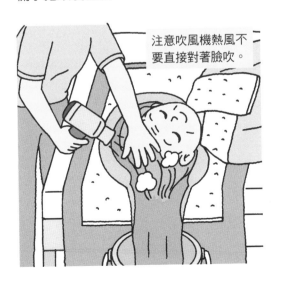

注意吹風機熱風不要直接對著臉吹。

▌睡地鋪的洗髮

睡地鋪也可以使用自製洗髮墊洗頭髮。方法是把睡在頭部下方的鋪墊折成兩折，墊高頭部，後續的洗髮方式和床上洗頭一樣，備好塑膠墊、浴巾、洗髮墊等，即可進行。和睡床鋪相比，睡地鋪時頭部高度比較低，所以改用臉盆而不是水桶接泡沫水。

如果鋪墊比較薄，折成雙層以後還是不夠高，可以在中間加坐墊。

小叮嚀　　**請你這樣做⑩**

請配合對方的步調

　　想要在一天有限的時間內完成所有的照護工作，非得講究效率不可。不過凡事以效率優先，比快、拚快的機械性照護動作，會讓年長者做何感想呢？「動作俐落是沒話說啦，可是也未免太粗魯了」、「我怎麼好像被當成東西對待」，這樣子會好受嗎？

　　受照護者和照護者無論是身體的活動、思考、說話等步調都有很大的差異，照護者若是效率掛帥，強迫對方按照自己的步調生活，對跟不上節奏的長輩而言很痛苦。正因為時間有限，所以照護者更要懂得按部就班，全盤掌握照護流程，預先做好準備，這樣就不會氣急敗壞，而能夠態度從容。

　　想要兼顧家務和照護，卻總是難免顧此失彼，當你看到對方的神情和言行舉止出現變化，可能就要立刻檢討自己是不是太心急了。

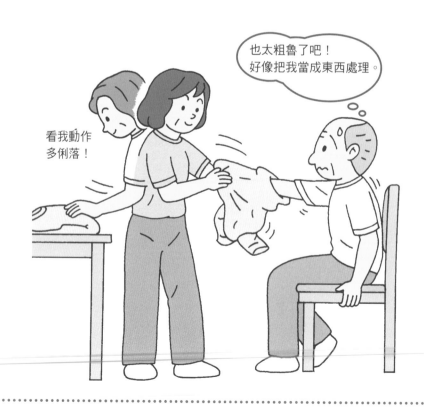

第 11 章

更衣的照護

定期更衣是良好的衛生習慣，對老人家來說，也可以轉換心情。而如果能夠自己完成這件小小的日常工作，那更是令人充滿成就感。本章內容將以年長者自力完成更衣的方法為主。

更衣的重要性

不只是保持清潔衛生，還可以激發活力

(一)更衣的功效

更衣不同於飲食、如廁這些事關活命的生活行為，不更換衣服還是可以活下去。但是更衣卻具有維持身體整潔、建立生活規律、轉換心情等功效，所以是不可欠缺的重要生活行為。即便是要多花一些時間，照護者仍應該督促老人家天天換衣服才好。

保持清潔

年長者每天的活動量雖然不如年輕人，不過出汗和新陳代謝還是比想像中更容易弄髒衣服。所以內衣應該每天換洗，以保持清潔衛生。

激發活力

一天當中躺在床上的時間多了，就容易穿著睡衣過日子。如果將更衣和每天早晨刷牙洗臉的習慣結合在一起，可以有效激發年長者的活力。

順便復健

更衣的過程包含拿起衣服、穿過袖口、扣好鈕扣等各種動作。由年長者自己執行，就是生活中的復健。

轉換心情

換上和平日不同的衣著，把自己好好梳整打扮一番，整個人煥然一新，心情感受也完全不同。常邀別人到家中作客，或是經常到外面走動，都可以製造機會讓年長者多打扮自己。

(二)年長者穿衣的注意要點

　　對癱瘓或是罹患關節疾病等無法自由活動肢體的人來說，更衣是一件苦差事。容易穿脫只是最基本的要件，年長者的衣著還必須顧及以下重點。

容易穿脫、便於活動
　　前開襟、衣領不束縛，而且還要合身。衣服的尺寸如果太小，會防礙身體活動。相反的，尺寸太大，容易踩到下襬發生危險。

可以調節體溫
　　年長者無論是體溫調節機能還是感知氣溫變化的能力都比較不足，應採取多穿幾件薄衣的洋蔥式穿搭法，方便隨時穿脫，調節冷熱。

設計安全
　　裝飾繁複、講究設計的華服，就怕卡住、勾到或是誤踩而發生危險。

耐洗滌
　　衣服為了常保清潔所以要勤加洗滌，因此必須選擇耐洗、不縮皺、不易破損的強韌素材。

(三)適合老人家的衣料

適度的伸縮性、光滑度
　　年長者的衣服首重容易穿脫。
　　如果有適度的伸縮性，禁得起拉扯，就可以用非癱瘓側的手自己穿上衣服。又如果衣料的觸感光滑，還有助於穿脫。

低刺激性
　　年長者皮膚偏乾燥，不耐刺激，會扎皮膚的衣料讓人煩躁，也容易誘發濕疹等皮膚問題。
　　還有的人一穿上化學纖維衣料就全身發癢，皮膚乾燥的人則應選擇百分之百的棉等天然材質衣料。

保溫性、透氣性
　　年長者的體溫調節能力比較差，衣著上應選擇保溫性良好的衣料，在身體與衣服之間製造保暖的空氣層。
　　至於保濕性高但是不透氣的衣料，會把熱氣和汗水裹在身上，等到外面溫度一降下來，就容易感冒著涼。所以年長者的衣料必須透氣性良好，兼具適度的吸濕性。
　　應穿著透氣性良好的棉質內衣，外罩可以保溫的針織衫等。視溫度冷熱變化勤換內衣，並採取多層次的洋蔥式穿搭法。

擾擾

會扎人

擾

容易穿脫的衣服

有點寬鬆的市售成衣，稍加以變化後更容易穿脫

(一)容易穿脫的安全衣褲

不易穿脫的衣褲不但會造成年長者更衣的壓力，也是讓他們不願意更換衣服的原因。請參考以下重點，為對方選擇容易穿脫的衣褲。日本的一些量販店也為銀髮族開闢服飾專區，不妨加以利用。

●銀髮族選擇衣褲的重點

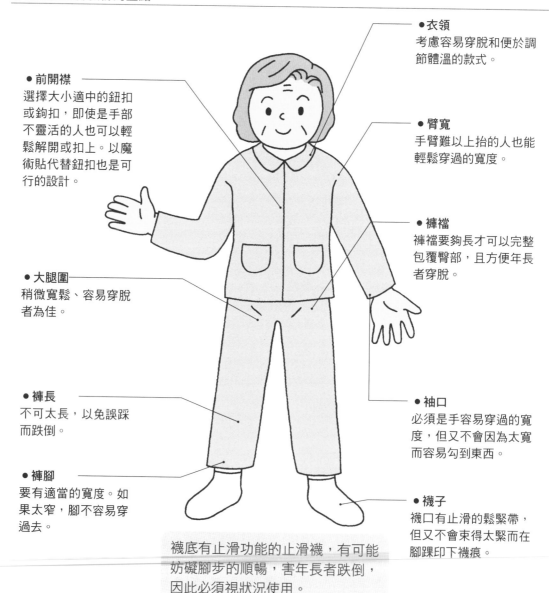

●衣領
考慮容易穿脫和便於調節體溫的款式。

●前開襟
選擇大小適中的鈕扣或鉤扣，即使是手部不靈活的人也可以輕鬆解開或扣上。以魔術貼代替鈕扣也是可行的設計。

●臂寬
手臂難以上抬的人也能輕鬆穿過的寬度。

●褲襠
褲襠要夠長才可以完整包覆臀部，且方便年長者穿脫。

●大腿圍
稍微寬鬆、容易穿脫者為佳。

●褲長
不可太長，以免誤踩而跌倒。

●袖口
必須是手容易穿過的寬度，但又不會因為太寬而容易勾到東西。

●褲腳
要有適當的寬度。如果太窄，腳不容易穿過去。

●襪子
襪口有止滑的鬆緊帶，但又不會束得太緊而在腳踝印下襪痕。

襪底有止滑功能的止滑襪，有可能妨礙腳步的順暢，害年長者跌倒，因此必須視狀況使用。

(二)為容易穿脫做準備

解開鈕扣或是扣上鈕扣的精細動作,對年長者來說可能有困難。將市售的成衣簡單加工以後,也可以變得容易穿脫,讓老人家樂於自己更衣,成為很好的手指復健。

改用尺寸較大鈕扣

將手指不容易抓起的小鈕扣,或是手指必須出力才能使用的暗扣,都換成尺寸較大的鈕扣。

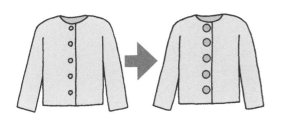

改用魔術貼

容易撕開或黏合的魔術貼,可用來代替鈕扣。使用磁吸扣也不失為變通的方法。

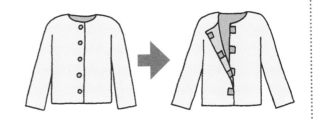

改用拉環較大的拉鍊

拉鍊的拉環通常偏小,改用大拉環或綁上緞帶,可方便上下拉動。

拉拉鍊之前,通常需要照護者先幫忙將拉鍊的拉頭和齒鏈固定好。

加深領口

年長者如果駝背,衣身會受到拉扯,衣領也會變緊。可以把衣領的扣子打開,或是穿著 V 字領。

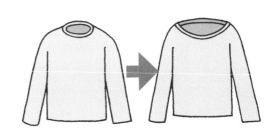

更衣的注意要點

更衣時裸露身體,應注意室溫不要低於 23~25℃。又為了避免跌倒,應先在椅子或床邊坐好。穿脫褲子時,手要抓著扶手或倚著牆面,以免跌倒。

穿圓領衫 本人自主 半癱

從偏癱側先穿，從非偏癱側先脫

STEP 1 坐在椅子上，手穿過袖子

在椅子上坐穩，椅面高度必須是年長者兩腳的腳跟可以確實貼地的程度。圓領衫放在膝蓋上，用非癱瘓側的手拿起衣服，將衣袖穿過癱瘓側的手。

出聲提示 143

我們來穿衣服吧

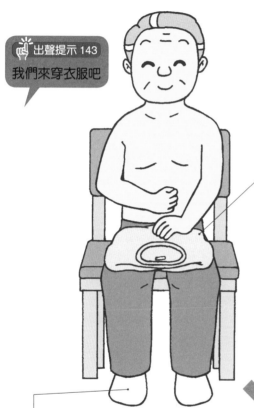

衣服的袖管在前，置於膝蓋上。

出聲提示 144

衣服的前後有沒有顛倒呢

雙腳的腳底必須確實貼在地面上，以便穩定身體重心。

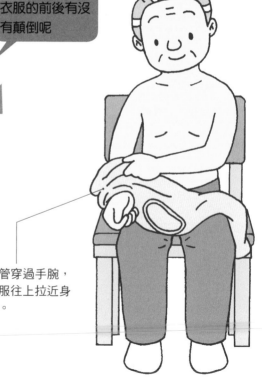

袖管穿過手腕，衣服往上拉近身體。

▌著患脫健是基本原則

「著患脫健」是日本照護界的術語，也是穿脫衣服的基本原則。意思是偏癱者穿衣時，從癱瘓側（患側）先穿；脫衣時，從非癱瘓側（健側）先脫。

STEP 2 把衣袖向上拉起，衣服罩在身上

衣袖拉到肩膀以後，抓住領口套在頭上。拉開領口，好讓頭容易鑽出領口。

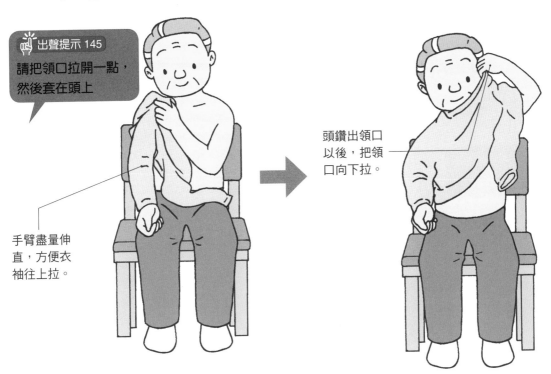

出聲提示 145
請把領口拉開一點，然後套在頭上

手臂盡量伸直，方便衣袖往上拉。

頭鑽出領口以後，把領口向下拉。

STEP 3 另一隻手也穿過衣袖，整理好衣服

頭鑽出領口以後，非癱瘓側的手穿過另一隻衣袖。最後拉下圓領衫的下襬，把衣服拉平整。

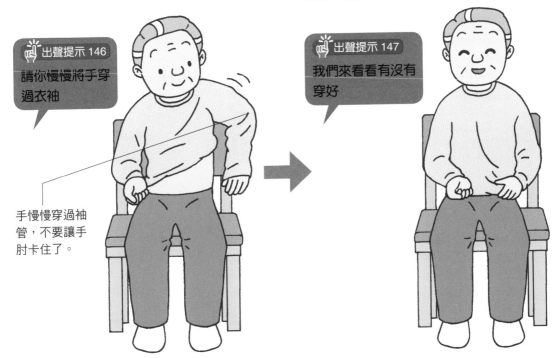

出聲提示 146
請你慢慢將手穿過衣袖

手慢慢穿過袖管，不要讓手肘卡住了。

出聲提示 147
我們來看看有沒有穿好

 # 脫圓領衫 本人自主 半癱

慢慢脫，頭不要卡住了

STEP 1 領口往上拉

坐在椅子上，用非癱瘓側的大拇指將衣領往上勾，從胸口勾到下巴位置。

 出聲提示 148
我們來脫衣服吧

用非癱瘓側的手，抓住領口的前端。

兩腳的腳底確實貼在地板上，以便穩定身體。

 出聲提示 149
慢慢來就好

▌不焦急趕時間，但也不要拖拖拉拉

即使必須多花一點時間，也要盡量讓老人家自己穿脫衣服。但是考慮到裸露身體的時間太長容易感冒，萬一真的更衣太久，照護者要先向年長者出聲提示，然後出手幫忙。

STEP 2 非癱瘓側的手先退出袖管

收下巴，單手拉住背部衣身，一點一點的往上退，直到頭部退出領口。一面扭動身體，一面將非癱瘓側的手退出袖管。

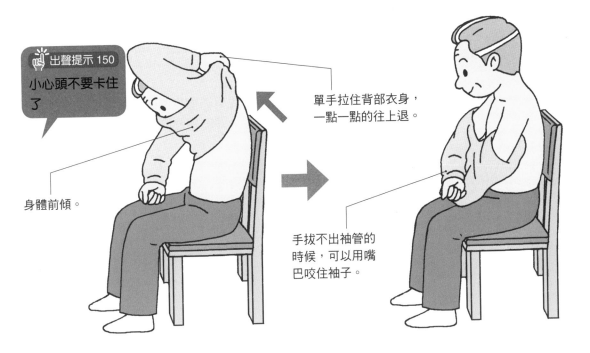

出聲提示 150
小心頭不要卡住了

身體前傾。

單手拉住背部衣身，一點一點的往上退。

手拔不出袖管的時候，可以用嘴巴咬住袖子。

STEP 3 再將癱瘓側的手退出袖管

用非癱瘓側的手抓住袖子，癱瘓側的手慢慢抽出袖管。

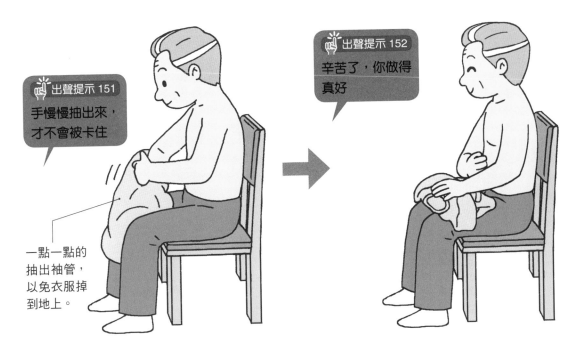

出聲提示 151
手慢慢抽出來，才不會被卡住

一點一點的抽出袖管，以免衣服掉到地上。

出聲提示 152
辛苦了，你做得真好

脫圓領衫（本人自主・半癱）

183

穿睡衣 本人自主 半癱

睡衣披掛在癱瘓側的肩膀以後，手再穿過袖管

STEP 1 坐在椅子上，癱瘓側的手穿過袖管

首先用非癱瘓側的手幫癱瘓側的手穿過袖管，然後將睡衣拉到肩膀上。

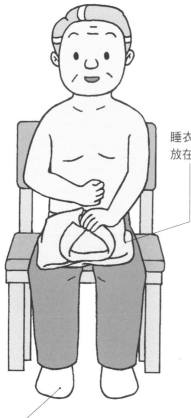

睡衣的袖管要放在面前。

出聲提示 153
我們要換睡衣囉

睡衣確實拉到肩膀，方便進行下一個動作。

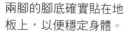

兩腳的腳底確實貼在地板上，以便穩定身體。

出聲提示 154
小心衣服不要捲得歪七扭八

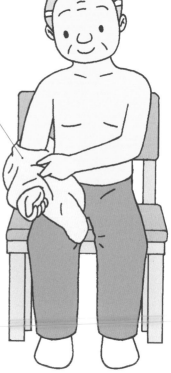

不要套上捲得歪七扭八的衣服

穿著運動服或毛衣前，不只要先確認衣服前後沒有顛倒，還要把衣服拉平整，不要歪七扭八的穿上身。以袖管為例，套上歪歪扭扭的袖管不只是外觀看上去突兀，也會束縛手臂難以活動。

STEP 2 肩披睡衣，非癱瘓側的手穿過袖管

用非癱瘓側的手從脖子後面抓住睡衣披在肩膀上，非癱瘓側的手再從前襟開口穿入袖管。

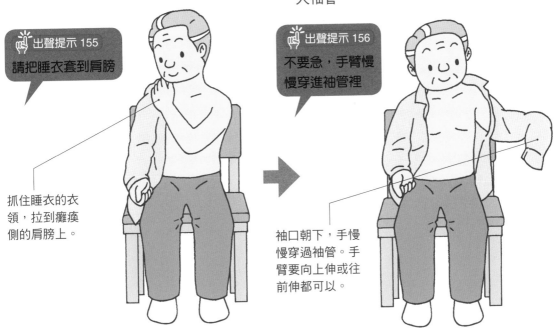

出聲提示 155
請把睡衣套到肩膀

抓住睡衣的衣領，拉到癱瘓側的肩膀上。

出聲提示 156
不要急，手臂慢慢穿進袖管裡

袖口朝下，手慢慢穿過袖管。手臂要向上伸或往前伸都可以。

STEP 3 由上而下扣鈕扣

用非癱瘓側的手，由上而下依序扣好前襟的鈕扣，最後確定全部鈕扣都扣齊了。

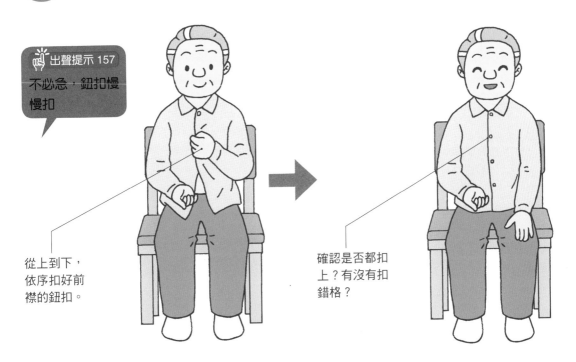

出聲提示 157
不必急，鈕扣慢慢扣

從上到下，依序扣好前襟的鈕扣。

確認是否都扣上？有沒有扣錯格？

脫睡衣 本人自主 半癱

解開鈕扣，從非癱瘓側先脫

STEP 1 坐在椅子上，解開鈕扣

在椅子上坐定以後，用非癱瘓側的手從上而下依序解開鈕扣。如果有困難，照護者應從旁協助。

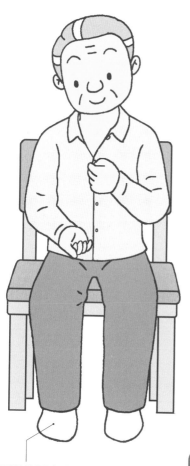

 出聲提示 158

我們現在要脫睡衣囉

兩腳的腳底確實貼在地板上，以便穩定身體。

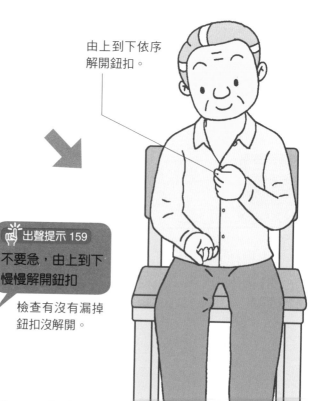

由上到下依序解開鈕扣。

出聲提示 159

不要急，由上到下慢慢解開鈕扣

檢查有沒有漏掉鈕扣沒解開。

STEP 2 退下睡衣，抽出非癱瘓側的手

解開所有的鈕扣以後，身體稍微傾向癱瘓側，用非癱瘓側的手將睡衣從癱瘓側的肩膀退下來。之後，將非癱瘓側的手慢慢從袖管抽出。

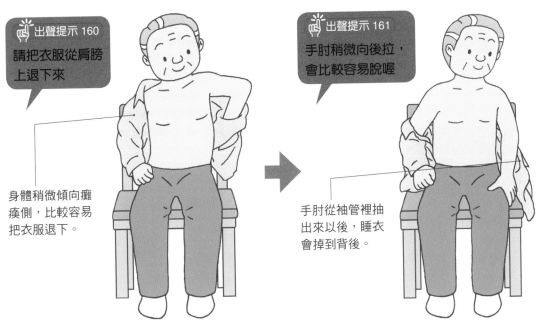

出聲提示 160
請把衣服從肩膀上退下來

身體稍微傾向癱瘓側，比較容易把衣服退下。

出聲提示 161
手肘稍微向後拉，會比較容易脫喔

手肘從袖管裡抽出來以後，睡衣會掉到背後。

STEP 3 癱瘓側的手從袖管抽出來

非癱瘓側的手抓住癱瘓側的衣袖，把袖管慢慢抽出來。

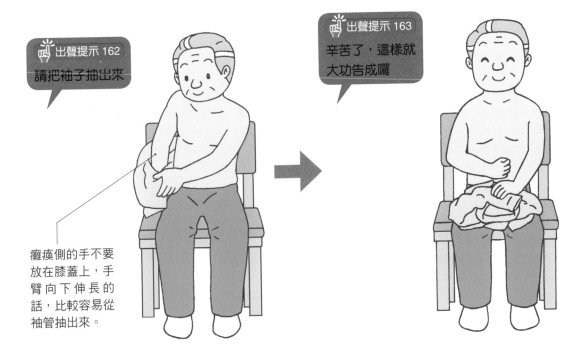

出聲提示 162
請把袖子抽出來

癱瘓側的手不要放在膝蓋上，手臂向下伸長的話，比較容易從袖管抽出來。

出聲提示 163
辛苦了，這樣就大功告成囉

穿長褲 本人自主 半癱

從癱瘓側先穿，非癱瘓側先脫

STEP 1 坐在椅子上，癱瘓側的腳先穿過褲管

出聲提示 164
我們現在要穿褲子囉

在椅子上坐定以後，用非癱瘓側的手抬起癱瘓側的腿，讓癱瘓側的腳先套進褲管，然後將褲管慢慢拉到膝蓋上。

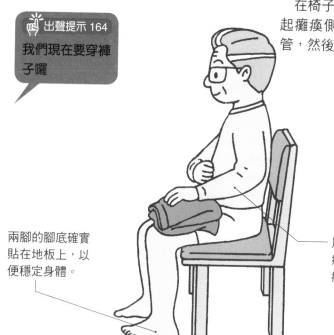

兩腳的腳底確實貼在地板上，以便穩定身體。

用非癱瘓側的手把癱瘓側的腿拉近非癱瘓側的腿。

把褲管拉到膝蓋上，以免褲子滑落地面。

出聲提示 165
請先把右（左）腳套進褲管裡

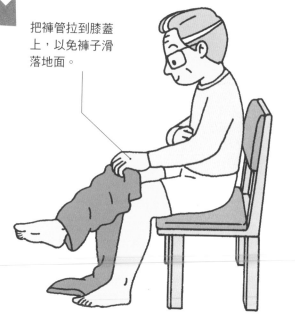

注意不要把褲管的左右套反了。

STEP 2 非癱瘓側的腳穿過褲管

非癱瘓側的腳慢慢穿過褲管以後，身體向前彎，讓屁股稍微抬起，一點一點的把褲子拉提上來。

出聲提示 166
不要急，慢慢把褲子拉上來

想要一次拉到底，往往容易卡住，最好是每次左側、右側輪流拉一點。

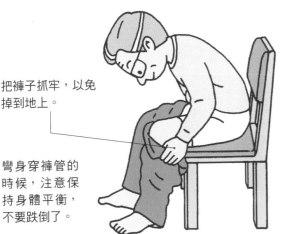

把褲子抓牢，以免掉到地上。

彎身穿褲管的時候，注意保持身體平衡，不要跌倒了。

STEP 2 拉好拉鍊，繫好腰帶

拉鍊的拉環如果太小，可以在上面加掛一條繩子，方便手指拉動。單手繫腰帶有困難時，照護者應從旁協助。

出聲提示 167
腰部如果束得太緊要說喔

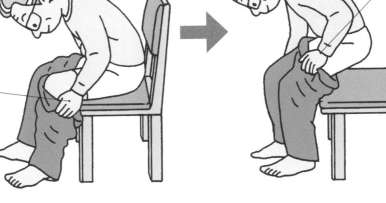

褲頭確實拉到腰部以後，再把拉鏈拉好。

鬆緊帶的褲頭穿脫都容易。

脫長褲 本人自主 半癱

腰部一點一點的抬高，把褲子退下來

STEP 1 坐在椅子上，把褲子退下來

首先坐在椅子上，解開腰帶，拉下褲拉鍊。然後一面輪流抬高左右側屁股，一面用非癱瘓側的手一點一點的退下褲子。

出聲提示 168
現在可以把褲子脫下來嗎

照護者可以事先幫忙解開褲腰帶。

出聲提示 169
請把腰稍微抬高，再把腿放下來

非癱瘓側的褲頭退下一點，癱瘓側的褲頭再退下一點。

兩腳的腳底確實貼在地板上，以便穩定身體重心。

褲頭退到屁股。

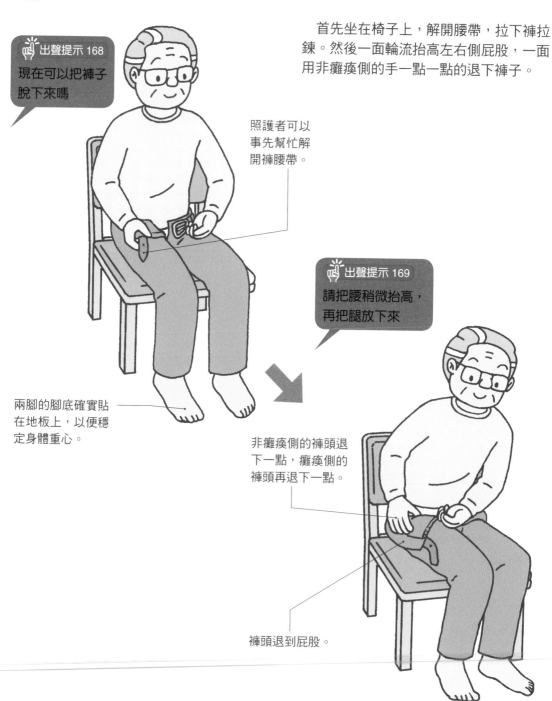

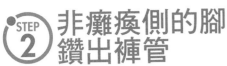

STEP 2 非癱瘓側的腳鑽出褲管

褲子退到非癱瘓側的膝蓋下，抬腳鑽出褲管。注意重心平衡，不要跌倒了。

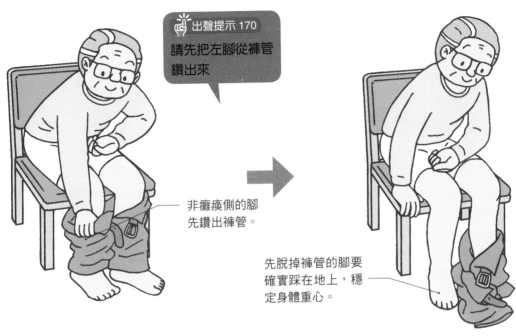

出聲提示 170

請先把左腳從褲管鑽出來

非癱瘓側的腳先鑽出褲管。

先脫掉褲管的腳要確實踩在地上，穩定身體重心。

STEP 3 癱瘓側的腳鑽出褲管

用非癱瘓側的手把癱瘓側的腿拉到另一條腿的膝蓋上跨好，再將褲管從癱瘓側的腿拉出來。這時候為避免重心失衡，要慢慢把腿放下來。

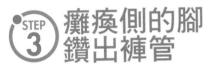

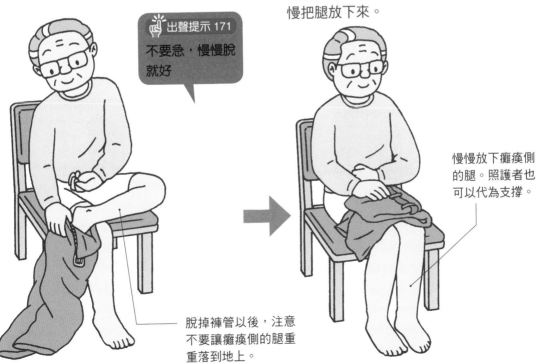

出聲提示 171

不要急，慢慢脫就好

脫掉褲管以後，注意不要讓癱瘓側的腿重重落到地上。

慢慢放下癱瘓側的腿。照護者也可以代為支撐。

整理儀容

護理臉部和指甲整潔，讓心情好舒暢

(一) 洗臉

即使下半身癱瘓，只要上半身可以正常活動，哪怕只用單手也好，都要盡量讓年長者自己坐著洗臉。

無法使用洗手檯時

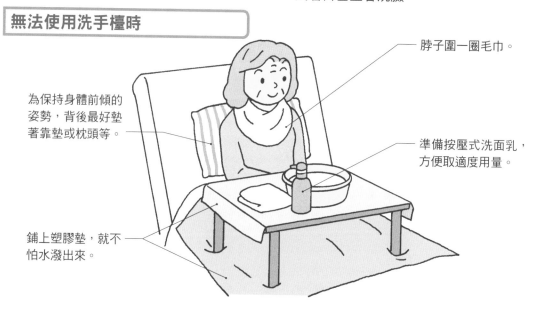

為保持身體前傾的姿勢，背後最好墊著靠墊或枕頭等。

鋪上塑膠墊，就不怕水潑出來。

脖子圍一圈毛巾。

準備按壓式洗面乳，方便取適度用量。

(二) 梳理頭髮

早晨洗臉後，養成一併梳理頭髮的好習慣。照護者要幫忙確認是否梳洗完成、有沒有翹起的頭髮未梳理整齊。

早晨起床後

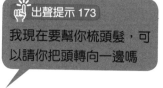

出聲提示 172

如果拉到頭髮會痛要告訴我喔

先用粗目的梳子把頭皮上的污垢梳到表面，再用細目的梳子把頭髮梳整齊。

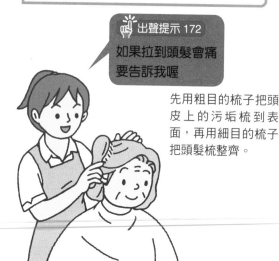

臥床不起時

出聲提示 173

我現在要幫你梳頭髮，可以請你把頭轉向一邊嗎

年長者把頭轉向一邊以後，為他在頭的下方鋪一條毛巾，頭髮分左右兩邊，一次先梳理半邊。

(三)剪指甲

指甲的護理容易被忽略。養成在沐浴或洗臉後剪指甲的習慣,就不會忘記,也不費太大力氣。

用熱水或熱毛巾溫熱雙手,軟化指甲。

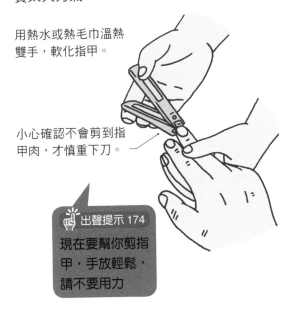

小心確認不會剪到指甲肉,才慎重下刀。

出聲提示 174

現在要幫你剪指甲,手放輕鬆,請不要用力

(四)刮鬍子

刮鬍子之前,先用熱毛巾敷臉,軟化鬍鬚以後,一面拉開唇部四周的皺紋,一面出聲招呼年長者,說明將為他刮鬍子。

請老人家鼓起腮幫子,鬍子比較容易刮乾淨。

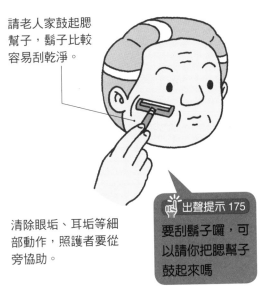

清除眼垢、耳垢等細部動作,照護者要從旁協助。

出聲提示 175

要刮鬍子囉,可以請你把腮幫子鼓起來嗎

(五)鼻子的清潔

擤鼻涕

用面紙或毛巾輕輕覆住老人家一邊的鼻孔。

用手指輕輕按住另一邊的鼻孔。

一次只擤一邊鼻孔,擤時按住另一邊鼻孔。擤不出來的時候,可藉由寶寶用的吸鼻器吸出。

清潔鼻孔

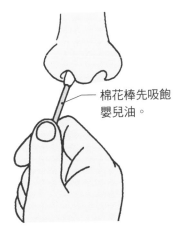

棉花棒先吸飽嬰兒油。

鼻孔裡面容易堆積鼻垢,清潔鼻孔時小心不要傷到黏膜。連同鼻子的下方和周圍也要一併整理清潔。

端正儀容與用心打扮

整理儀容和更衣一樣,都有轉換心情的效果,不只是維持門面的整齊清潔,還可以提升自信心與滿足感,讓年長者不再排斥和人見面或是外出。鼓勵少有機會出門的年長者整理儀容與用心打扮,有助於他們積極向外走出去,擴展生活空間。

不要只專注在自己手邊的工作

為年長者設想，體貼而細心的照顧對方，這是非常值得讚許的好事。不過很多人還不是那麼熟悉照護工作，因為太專注於處理手邊的細節，反而疏忽了年長者，這裡面就暗藏了潛在的危機。

例如，為對方翻身的時候，照護者全神貫注在如何翻轉年長者的下半身，沒注意到上半身距離床的護欄太近，結果一個翻身就撞上護欄了；或是沒注意到棉被裡有雜物，一個翻身把雜物壓在身體下面，讓年長者躺得很不舒服。沒注意這些相關細節，還可能引發褥瘡。

對於才剛著手照護工作的人來說，要面面俱到並不容易，重點是除了留意手邊的工作之外，別忘了全面觀察年長者身邊的狀況，一旦發覺有可能釀成危險的因子，就要立刻加以去除。

如廁的
照護

排泄是人類不可欠缺的生活行為，
也是非常私密的行為。因此照護者
要在充分顧及年長者自尊心的前提
下，做到安全而確實的如廁照護。

如廁的基本照護

以正確姿勢激發三種如廁力量發揮最大值

(一)如廁是關乎自尊的行為

排泄是人體的重要生理現象，無法正常排尿、排便，就會出現健康障礙。

而排泄也是涉及羞恥心的行為，關乎一個人的自尊。一個人一旦失禁或是必須包尿布，完全失去自理排泄行為的能力，往往容易喪失自尊心，沒了與社會或人群接觸的意願。

所以說，平常讓年長者自己控制排泄和如廁，也是非常重要的照護工作。

(二)排便所需的三種力量

進行自主性排便時，需要「腹壓」、「直腸的收縮力」和「重力」這三種力量。

「腹壓」是解大便時用力使出的那股勁道，力量主要來自橫隔膜和腹肌；「直腸的收縮力」是直腸在一收一放之間排出糞便的力量；最後的「重力」，則是糞便憑藉自己的重量向下墜落的力量。這三種力量有賴排便時採取正確姿勢，才得以充分發揮。

腹壓（出力）
為解便而用力，能幫助直腸收縮。肌力不足會導致腹壓減弱，坐著如廁則可以增強腹壓。

自然的排便

直腸的收縮力
糞便被運送到大腸末端時，直腸接收到大腦發出的指令，開始產生自律性收縮，這是本人的意願無法克制的收縮。

重力
糞便因為自身的重量而向下墜落的力量。它和人體的老化無關，只要姿勢正確就可以發揮作用。

(三)排便的正確姿勢

要將排便所需的三種力量發揮到最大值，就要採取如下的坐姿。特別是老人家的肌力不足，腹壓無力，採取正確的如廁姿勢，方能夠補力量的不足。

坐馬桶時，如果腳搆不到地上，就必須踩在踏腳凳上，協助身體出力。至於在臥床的姿勢下，腹壓和重力都幾乎失去作用，因此即使是纏綿臥榻的人，還是盡量讓他坐起來排便比較好。

促進自然排便的姿勢

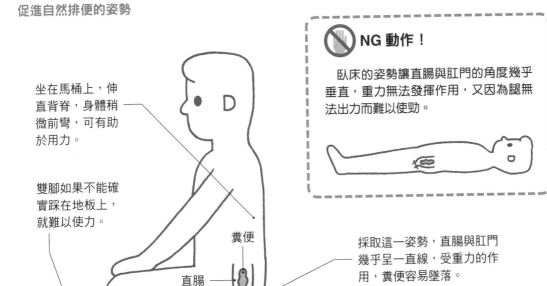

坐在馬桶上，伸直背脊，身體稍微前彎，可有助於用力。

雙腳如果不能確實踩在地板上，就難以使力。

糞便

直腸

肛門

NG 動作！

臥床的姿勢讓直腸與肛門的角度幾乎垂直，重力無法發揮作用，又因為腿無法出力而難以使勁。

採取這一姿勢，直腸與肛門幾乎呈一直線，受重力的作用，糞便容易墜落。

最適合排便的時間是早晨

早晨是一天當中腸道蠕動最活潑的時段，加上吃過早餐以後腸道受食物刺激，更能促進蠕動而幫助排便。早晨即使只是簡單喝一杯水，都可以給予腸道刺激。所以養成早餐以後如廁的習慣，可有助於暢快排便。

促進排便的環境

安全好用為第一優先

(一)營造好用的如廁環境

　　為了讓年長者可以憑藉自己的力量自然排便，必定要營造易於如廁的環境。如廁環境的改造，小至可以輕鬆完工的扶手裝置、更換馬桶坐墊等，大至更換蹲式便座為馬桶、改建無障礙廁所好讓輪椅可以進

出等等的大規模工程，可說是不一而足。

　　重要的是，如廁環境使用起來必須安全而沒有壓力，對照護者而言，這也是便於照護的理想環境。

●如廁環境的檢查事項

- ☐ 門是否容易開關
- ☐ 門口是否容易進出
- ☐ 廁所內外地板是否有高低差
- ☐ 廁所地板是否容易打滑
- ☐ 輪椅可以進出嗎
- ☐ 是年長者難以使用的蹲式便座嗎
- ☐ 是否採用年長者方便坐下和起身的馬桶呢

- ☐ 便座有沒有溫水洗淨裝置
- ☐ 有沒有加裝扶手
- ☐ 扶手的長度和位置適當嗎
- ☐ 年長者坐在馬桶上，兩腳是否可以確實踩在地板上
- ☐ 廁所空間是否足夠年長者身體前傾呢
- ☐ 衛生紙和水洗便坐的使用開關，是否在容易使用的位置上

●扶手
L字型扶手較為方便使用。應配合年長者的體格選定合適的長度和裝設位置。因為扶手必須受力，所以要牢牢固定在牆上。

●衛生紙
放在坐馬桶上就可以伸手取得的位置。

●便座
高出地板 35~40 公分左右為宜。為防冬天寒冷，加裝溫水洗淨裝置比較理想。

●呼叫鈴
設置呼叫鈴，萬一有突發狀況可以盡早發現。

●水洗開關
設置在坐馬桶上就可以伸手按壓的位置。

●便器
以坐式馬桶、有溫水洗淨便座者為佳。

(二)廁所的寬度與空間配置

廁所的空間配置，與其內部設備同等重要。想要加大空間，就必須大興土木，並不是三兩下可以完成。不過，類似降低門檻以減少地面高低差，或是加裝扶手等的簡單裝修，還是應該在能力範圍內盡量做到足。

●方便使用的廁所空間配置

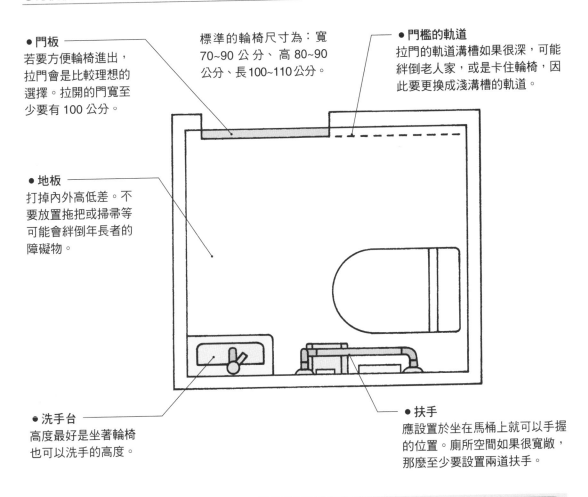

● 門板
若要方便輪椅進出，拉門會是比較理想的選擇。拉開的門寬至少要有 100 公分。

標準的輪椅尺寸為：寬 70~90 公分、高 80~90 公分、長 100~110 公分。

● 門檻的軌道
拉門的軌道溝槽如果很深，可能絆倒老人家，或是卡住輪椅，因此要更換成淺溝槽的軌道。

● 地板
打掉內外高低差。不要放置拖把或掃帚等可能會絆倒年長者的障礙物。

● 洗手台
高度最好是坐著輪椅也可以洗手的高度。

● 扶手
應設置於坐在馬桶上就可以手握的位置。廁所空間如果很寬敞，那麼至少要設置兩道扶手。

促進排便的環境

▊ 扶手的位置

使用馬桶的廁所，以裝設縱型或 L 型的扶手較為便利。不過，扶手如果緊貼在馬桶旁，或是距離馬桶太近，想要利用扶手直接拉起身會有困難。在距離便座約 20~30 公分位置加裝縱型的扶手，會比較方便使用。

從輪椅移位到馬桶 本人自主

抓住扶手站起身，轉換方向坐馬桶

STEP 1 輪椅推近馬桶

廁所的空間大小和空間配置多有不同，以入口和馬桶呈 90 度直角的廁所來說明。將輪椅推近馬桶，和馬桶呈直角以後，固定剎車。

出聲提示 176

請把輪椅推到馬桶旁

年長者的腳盡量前進到馬桶的中央線位置，然後停妥輪椅，這個位置有利於抓握扶手。

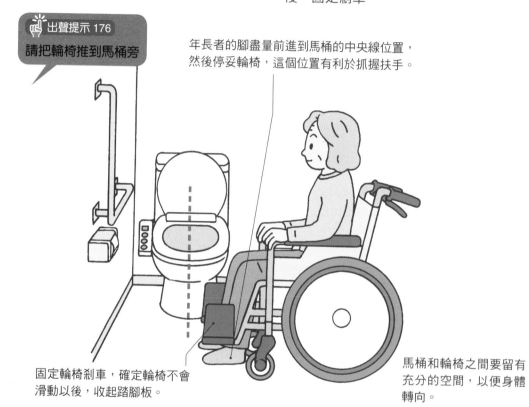

固定輪椅剎車，確定輪椅不會滑動以後，收起踏腳板。

馬桶和輪椅之間要留有充分的空間，以便身體轉向。

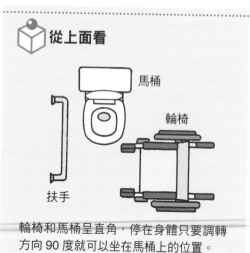

從上面看

馬桶

輪椅

扶手

輪椅和馬桶呈直角，停在身體只要調轉方向 90 度就可以坐在馬桶上的位置。

廁所空間狹小時

廁所的空間如果很有限，或是馬桶與入口正面相對時，輪椅要先正面接近馬桶，中間預留年長者從輪椅下來以後，還可以迴轉 180 度的空間。

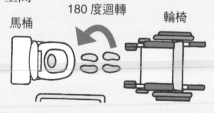

180 度迴轉

馬桶

輪椅

STEP 2 站起身，臀部轉向馬桶

　　雙腳在地面確實踩穩以後，上身向前彎，用靠近馬桶的那一側手握緊扶手，或是扶著牆支撐身體。站起身以後，繼續握住扶手不放，腳步逐漸旋轉方向，讓屁股對著馬桶。

家中如有半癱的年長者，要將扶手設置在非癱瘓側的手可以扶握的位置。

出聲提示 177
讓我們握著扶手站起來吧

出聲提示 178
現在請把屁股對準馬桶

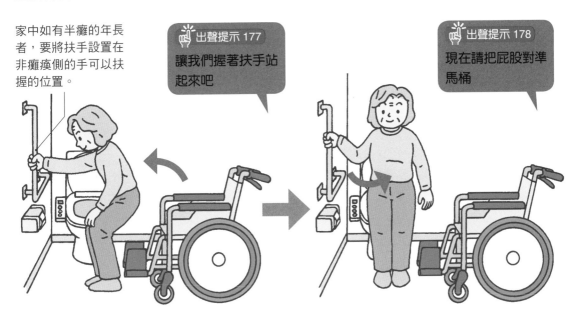

STEP 3 退下褲子，坐在馬桶上

出聲提示 179
那麼，請把褲子慢慢脫下來

如果站著難以褪下褲子，不妨預先坐在輪椅上褪下一半。

　　將外褲和內褲一點一點的退下來，然後慢慢在馬桶上坐穩，安心解便。之後，循著相反步驟回到輪椅上。

握著扶手或扶著牆面，可以穩定身體重心。

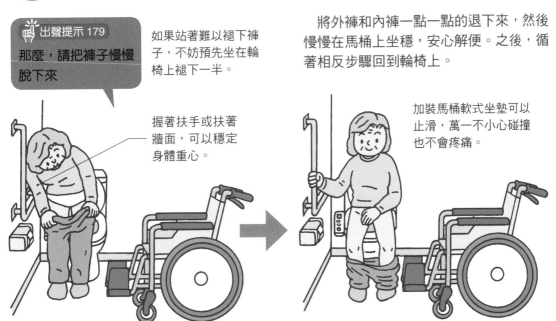

加裝馬桶軟式坐墊可以止滑，萬一不小心碰撞也不會疼痛。

從輪椅移位到馬桶 照護者

只要幫忙支撐身體就可以

STEP 1 抓握扶手站起身

　　輪椅和馬桶呈直角相對，請對方向前彎身準備起立。年長者單手抓握扶手的力量不足而難以起身時，照護者要抓住他的褲頭將他往上提。

出聲提示 180
請抓住扶手慢慢站起來

照護者握住年長者的褲頭向上提起，協助他起身。

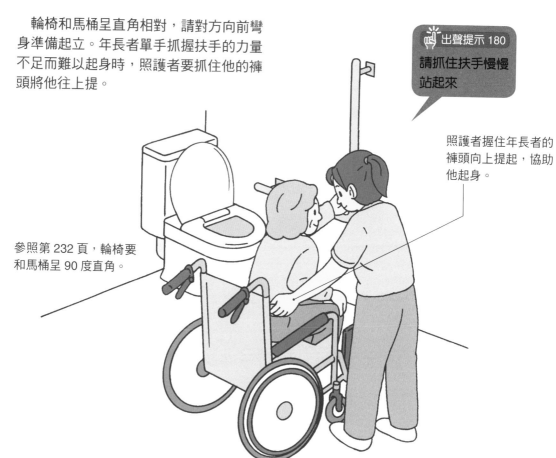

參照第 232 頁，輪椅要和馬桶呈 90 度直角。

第12章　如廁的照護

審訂註：請年長者起身時，要引導對方身體前傾、腳內縮，呈現正確起身姿勢，若起身不易時，照護者應拖住對方臀部，兩人一起施力，協助他起身。

將蹲式便器改為坐式馬桶

　　比起坐式馬桶，使用蹲式的便器無論是蹲下或起身的動作幅度都必須大很多，這對肌力不足的人是一大折磨。直接把家中的蹲式便器更換為坐式馬桶最理想，如果實在做不到，也有簡易的交換式便座可供選擇。

蹲式便器

在蹲式便座上安裝簡易轉換便座，就可以當坐式馬桶使用。

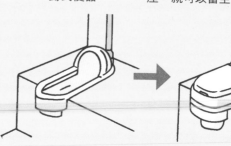

STEP 2 屁股對準馬桶，退下褲子

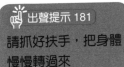
出聲提示 181

請抓好扶手，把身體慢慢轉過來

協助老人家身體 90 度轉向，讓屁股正對著馬桶。照護者站在年長者空手的那一側，為他扶好上半身，讓年長者自己退下外褲和內褲。

請年長者確實抓握扶手。

照護者配合年長者的身體轉動，自己也要轉身。

STEP 3 向前彎腰，在馬桶上坐好

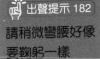
出聲提示 182

請稍微彎腰好像要鞠躬一樣

彎腰向前的姿勢，可以讓身體容易坐下。年長者在馬桶上坐穩以後，照護者的手掌貼著對方的後背，協助他保持上半身自然前傾的姿勢。

年長者的身體如果搖搖晃晃，照護者要從他的腋下和後腰部加以支撐。

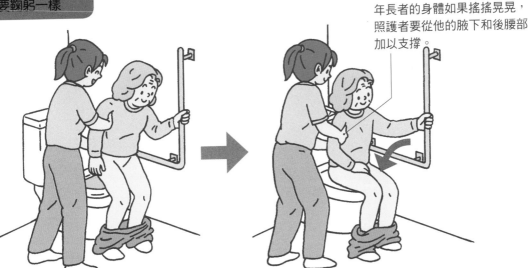

203

移位到便器椅 [本人自主]

利用安全扶手站起身，轉向以後再坐定

STEP 1 設置便器椅

到廁所有困難時，在床邊放一張便器椅，年長者就可以自行排便。便器椅的高度應調整到和床鋪一樣高，同時也要在床邊加裝安全扶手。

> 出聲提示 183
>
> **請靠著便器椅坐好**

選擇可以調整高度的便器椅。如果是可拆卸式扶手更理想。

靠近便器椅坐好。

在床邊裝置的安全扶手，這時可以派上用場。

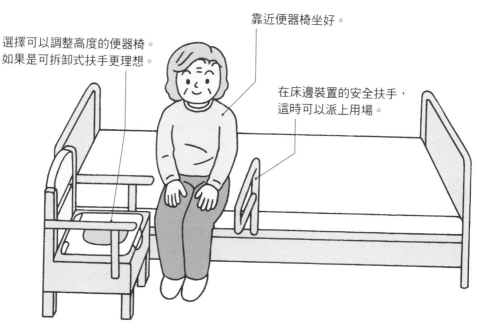

審訂註：床鋪高度不要太高，需讓年長者雙腳可確實踩在地上，膝蓋呈90度，避免自行如廁時跌倒。

使用便器椅的注意事項

不少年長者對於把便器椅放在日常生活空間裡，還要在上面解決內急這件事非常排斥。照護者可以在年長者使用便器椅的時候，暫時先離開房間，或是在房內加裝簾幕、屏風，為年長者保有如廁的尊嚴。

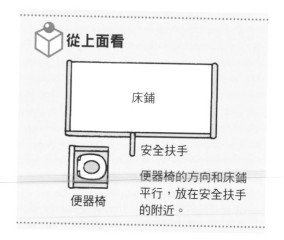

從上面看

床鋪

安全扶手

便器椅

便器椅的方向和床鋪平行，放在安全扶手的附近。

(STEP 2) 握著安全扶手站起身

兩腳在地板上確實踩穩，單手握著安全扶手站起身。這時候，年長者的手如果握在距離身體最遠的安全扶手外端，會比較容易彎身站起來。

出聲提示 185
請慢慢穩住身體站起來

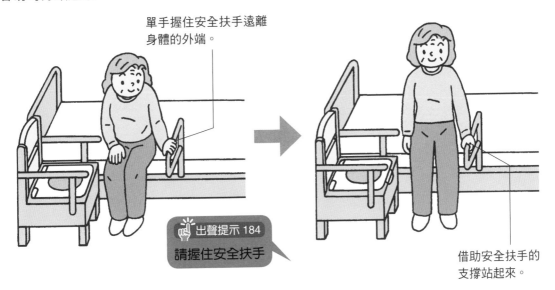

單手握住安全扶手遠離身體的外端。

出聲提示 184
請握住安全扶手

借助安全扶手的支撐站起來。

(STEP 3) 屁股面向便器椅坐下來

握著安全扶手不放，一點一點的轉身90度，讓屁股對準便器椅。當屁股轉到便器椅的正上方時，手移到安全扶手靠近床緣的內端，握緊安全扶手支撐身體，另一隻手退下外褲和內褲，緩緩在便器椅坐下。

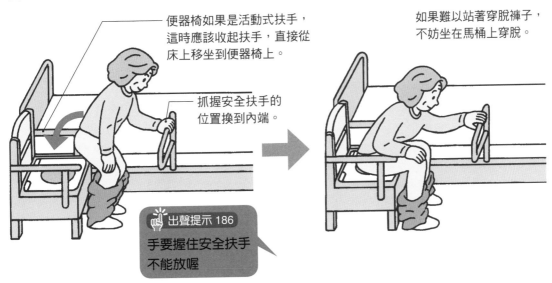

便器椅如果是活動式扶手，這時應該收起扶手，直接從床上移坐到便器椅上。

抓握安全扶手的位置換到內端。

出聲提示 186
手要握住安全扶手不能放喔

如果難以站著穿脫褲子，不妨坐在馬桶上穿脫。

尿布的穿脫

身體側臥，彎腰以便更換尿布

STEP 1 解開尿布，拭淨排泄物

年長者失禁的時候，必須為他更換尿布。更換前，要先出聲告訴老人家，然後才為他退下褲子，打開尿布，擦拭屁股及陰部的排泄物。

小心不要讓尿布膠貼沾黏到皮膚或衣服。

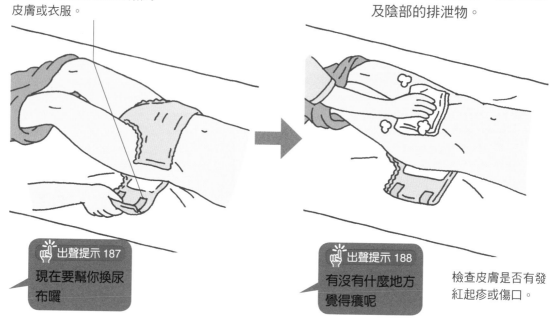

出聲提示 187
現在要幫你換尿布囉

出聲提示 188
有沒有什麼地方覺得癢呢

檢查皮膚是否有發紅起疹或傷口。

STEP 2 將髒尿布捲成團

請參照上冊第 3 章的翻身要領，為年長者翻身，幫他把屁股擦拭乾淨以後，再將尿布從外側捲向屁股。

請注意這裡！

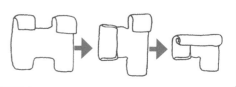

尿布的捲法
從外側輕輕向內折，排泄物就不會向外溢出，然後從外側邊緣包捲成團。

STEP 3 穿上乾淨的尿布

🔊 出聲提示 189

現在要幫你翻身
向另一邊囉

把一邊捲成條狀的乾淨尿布塞在屁股下方，接著為年長者翻身面向另一側，抽出髒尿布，攤開新尿布，再讓對方躺回原來的姿勢。

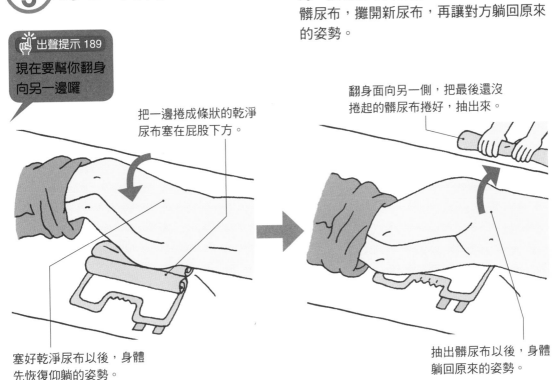

把一邊捲成條狀的乾淨尿布塞在屁股下方。

翻身面向另一側，把最後還沒捲起的髒尿布捲好，抽出來。

塞好乾淨尿布以後，身體先恢復仰躺的姿勢。

抽出髒尿布以後，身體躺回原來的姿勢。

STEP 4 固定尿布的膠貼

身體恢復仰躺姿勢以後，尿布的前片蓋好下腹部，左右兩邊的側片分別包住兩側臀部，最後黏合膠貼。

為防止尿液滲漏，膠貼要由下而上依序貼牢。

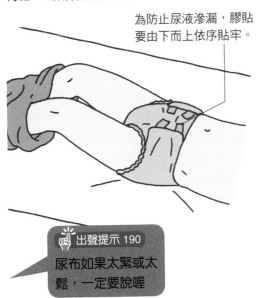

🔊 出聲提示 190

尿布如果太緊或太鬆，一定要說喔

紙尿布和布尿布

尿布也分很多種，籠統的來說，就可以分為紙做的尿布與布做的尿布。紙尿布用過即丟，對照護者來說比較省事，但是有的年長者穿紙尿布容易尿布疹，而且紙尿布成本比較高。布尿布要清洗、日曬，非常耗時費事，不過穿在身上的觸感比較舒適，也比較經濟。可以根據年長者和家庭的實際狀況加以選別。

使用尿壺排尿 本人自主

利用尿壺自行排尿

STEP 1 準備尿壺

年長者即使只能躺在床上,也要利用尿壺,盡可能自理排泄,這可是非常重要的事。

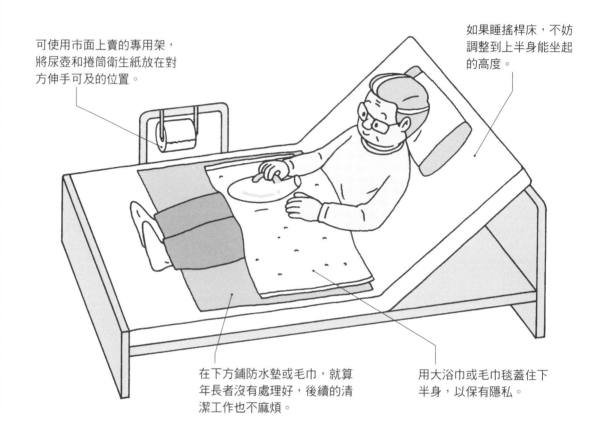

可使用市面上賣的專用架,將尿壺和捲筒衛生紙放在對方伸手可及的位置。

如果睡搖桿床,不妨調整到上半身能坐起的高度。

在下方鋪防水墊或毛巾,就算年長者沒有處理好,後續的清潔工作也不麻煩。

用大浴巾或毛巾毯蓋住下半身,以保有隱私。

尿壺的種類

依使用者的性別不同,尿壺的形狀也有別。男性用的尿壺口小而細長,女性用的尿壺口寬而外擴,不要買錯了。為避免尿液灑出,或是異味散出,一定要選有蓋的尿壺。

男用尿壺
口小而細長

女用尿壺
口寬而外擴

插入式便器
排尿、排便兼用
男女兼用

(STEP 2) 使用尿壺

使用尿壺自行排尿時，男女的姿勢有不同。但無論男女，都要確實將陰部貼著尿壺口，才可以開始排尿。

男性

退下外褲和內褲以後，轉身側躺，陰部插入尿壺口排尿。

採稍微弓背屈膝的姿勢，比較容易對準尿壺口。

男性要完全平躺，比較容易操作。

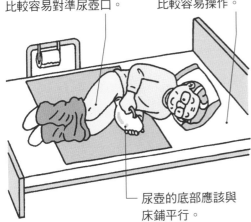

尿壺的底部應該與床鋪平行。

女性

退下外褲和內褲以後，上半身稍微坐起，將尿壺口緊密貼合陰部排尿。

為避免尿液外漏，尿壺口必須緊密貼合陰部排尿。

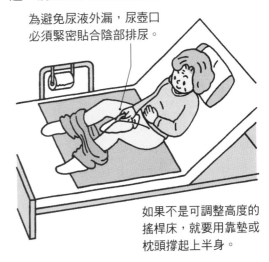

如果不是可調整高度的搖桿床，就要用靠墊或枕頭撐起上半身。

如何清洗陰部

排尿、排便後，即使以面紙等擦拭陰部，還是無法完全乾淨。沒有做好陰部清潔，不只是本人感到不舒服，也容易感染疾病，所以每天都要確實清洗。

男性 ①溫水噴灑整個陰部，清洗包皮內側和龜頭周圍。

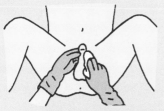

②清洗陰莖以後，將陰莖向上翻起，清潔陰囊內側。

女性 ①溫水沾噴灑個陰部，擦拭陰唇內側。

②擦拭陰唇外側。

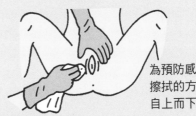

為預防感染，擦拭的方向應自上而下。

使用尿壺排尿（本人自主）

209

視線不可離開受照護者

　　你可曾在照護過程中，因為接手機等原因，目光離開受照護者，或身體背對著對方？這雖然是看似微不足道的小事，卻有可能引發重大事故。很多在照護現場發生的意外，竟都是因為「照護者的視線稍微離開了一下」。

　　例如，年長者正在浴缸裡泡澡，照護者發現浴室地板上有個滾落的洗髮精空瓶，於是過去把空瓶撿起來，拿到遠一點的回收空桶去放，就這樣背對著年長者短短幾秒鐘時間，沒料到浴缸裡的年長者沒坐穩，整個人滑進水裡，這事情可嚴重了。年長者在浴缸中溺水，沒有即時反應能力，嚴重時甚至可能因此溺斃。

　　那麼，發現浴室地板上有滾落的空瓶，可能會害人誤踩而跌倒，該怎麼辦呢？這一點，早在年長者進入浴室以前，就應該檢查整個環境，並事先排除狀況才對。進行照護的過程中，照護者應始終掌握整個周圍狀況，目光片刻也不可以離開年長者。

放在這裡太危險了，拿到洗手台去吧！

第13章

緊急狀況
的處置

對於各種身體機能都在衰退當中的
年長者來說，隨時可能在日常生活
中出現突發狀況。本章針對常見的
突發狀況與緊急處理做說明，請務
必把緊急處理方法牢記在心，以備
不時之需。

急救處置

確認生命徵象，進行急救措施

STEP 1 首先確認生命徵象

雖然說照護者平日與年長者密切接觸，應該十分了解對方的健康狀況，然而每一位老人家的身體衰退程度不同，有時未必能夠如實表達自己的狀況。尤其是遇到突發變化或是意外傷害時，照護者在第一時間必須臨危不亂，立刻掌握年長者的狀況。這時候用來判斷狀況的依據，就稱為「生命徵象」，可用來掌握人體基本生理功能的表現。

●確認 5 大生命徵象

遇到急症或是意外傷害等緊急狀況時，首先大聲呼喚當事人，確認他有無意識、呼吸等生命徵象。必要時呼叫救護車，或是連絡醫生。

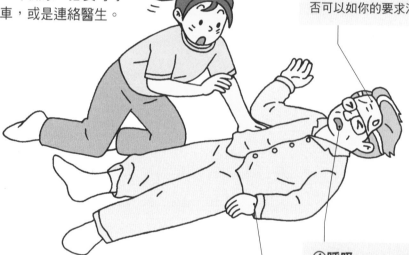

①意識
確認年長者「眼睛是否張開」、「是否可以和人對話」、「身體是否可以如你的要求活動」。

②體溫
一般而言，成人的腋下平均溫度是36.89℃。老人家的體溫多半會稍微偏低，應參考本人平日的體溫加以對照。

③血壓
使用便於快速檢測的電子式血壓計測量。一般成人的正常血壓大約是收縮壓120~129 毫米汞柱、舒張壓 80~84 毫米汞柱。年長者以高血壓居多，但是因為個人差異比較大，應參考本人平日的血壓加以對照。

④呼吸
確認呼吸的次數與深度。正常值大約是每分鐘 15~20 次，呼吸系統功能衰竭的人，呼吸次數會增多，但是呼吸變淺而急促。

⑤脈搏
食指、中指和無名指併攏，按壓老人家手腕脈動，測量 1 分鐘的脈搏跳動次數。正常值大約是 60~90 次。

第13章 ● 緊急狀況的處置

STEP 2 救護車到達之前的急救處置

生命徵象異常，或是年長者失去反應能力，就要立刻撥打 119，呼叫救護車。對方首先會問：「是火災，還是需要急救？」要回答：「需要急救。」然後向 119 清楚而簡潔的說明現在位置（地址）、年長者的姓名、年齡、症狀。

等待救護車到達的過程中，要給予年長者以下的緊急處置。平日應先接受地方相關單位或消防署、紅十字會等機關的急救講習，以防萬一。

急救處置的流程

失去意識
呼叫他、拍打他的身體都沒有反應時，立刻撥打 119，並進行 AED（譯註）急救。

檢查呼吸
檢查胸部或腹部有無呼吸帶動的上下起伏？口或鼻有無氣息呼出？有沒有呼吸聲？

有

沒有

確保呼吸道通暢
一手按住對方的額頭，一手輕輕抬高他的下巴，以確保呼吸道通暢。

進行心肺復甦術
●壓迫胸骨
雙手掌心交疊，置於對方胸骨下半段的中心，以每分鐘大約 100 次的速度按壓胸部。

手的交疊方式

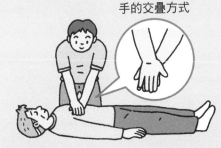

●人工呼吸
壓迫胸骨 30 次以後，捏住他的鼻子，進行人工呼吸。先嘴對嘴吹氣，嘴巴離開對方的嘴以後，看著對方吐完氣，再次嘴對嘴吹氣。一共做 2 次人工呼吸。

使用 AED
AED 是透過電極貼片自動感知心臟的狀態，並藉由電擊促使心臟恢復正常的醫療儀器。儀器會發出聲音指示操作方法，因此即使是非醫療專業人員也能夠使用。
●使用方法
①打開 AED 電源。
②將電極貼片分別貼在右鎖骨下方與左胸外側。
③按壓電擊鈕。

譯註：AED（Automated External Defibrillator）為自動體外心臟去顫器，又稱傻瓜電擊器，為一種可攜帶式醫療儀器，專門用來急救瀕臨猝死的病患。

※ 只限學習過人工呼吸技巧，且有意願施行的人。

噎住、窒息的處置

檢查意識以後，打開呼吸道，取出異物

噎住是指食物或飲料、唾液等阻塞氣管，尤其容易發生在無法充分咀嚼食物或順利吞嚥的年長者身上。異物阻塞不出，有可能令人窒息而死。又如果一再反覆噎到，細菌有機會從氣管進入肺部，將引發吸入性肺炎。年長者在飲食過程中，如果突發劇烈咳嗽，必須盡速為他取出嗆到的異物。

(一)壓迫心口

照護者站在年長者背後，雙臂穿過老人家腋下將他抱住，兩手在心口和肚臍之間握拳，快速的向上、向後連續擠壓。

站姿施行

雙腳打開穩定重心，即使老人家身體向後倒也足以抱住他。

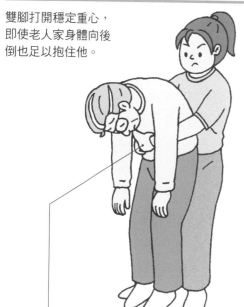

坐姿施行

用餐時發生意外，可以坐在椅子上施行。

如果施行多次仍不見效，就要立刻拍打老人家的背。

請注意這裡！

以握在內側的拳頭壓迫心口。

咳嗽有去除異物梗塞氣管的效果，因此年長者這時如果咳嗽，要盡量讓他咳下去。

(二)拍打背部

照護者一手攔腰抱住年長者，另一手在他的兩肩胛骨之間持續拍打。

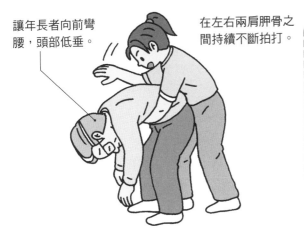

讓年長者向前彎腰，頭部低垂。

在左右兩肩胛骨之間持續不斷拍打。

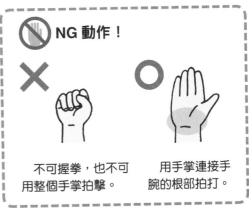

🚫 NG 動作！

✕ 不可握拳，也不可用整個手掌拍擊。

○ 用手掌連接手腕的根部拍打。

(三)取出異物

見異物掉到嘴裡，立刻打開年長者嘴巴，用手指掏挖出來。注意，手指千萬不要挖進喉嚨深處。

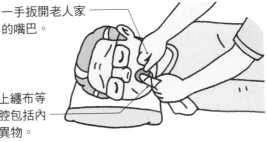

一手扳開老人家的嘴巴。

另一手的手指上纏布等柔軟物，在口腔包括內頰等部位找出異物。

▊ 誤飲、誤食的緊急處置

年長者疑似誤吃了異物時，應比照誤嚥的緊急處置，首先確認有無意識和呼吸，必要時確保呼吸道通暢，並施以心肺復甦術。至於罹患失智症的年長者，容易像嬰幼兒一樣，什麼東西都往嘴裡塞，因此要先檢視周圍環境，確認年長者吃下什麼異物，再參照下表進行適當處置。

誤飲、誤食的異物		處理	必須送醫的分量
燈油		不可給予任何飲料，不可催吐	1ml 以上應送醫
汽油			0.5ml 以上應送醫
稀釋劑			1ml 以上應送醫
清潔劑	去霉劑	給予水或牛奶飲用，不可催吐	極少量也要送醫
	家用鹼性清潔劑		極少量也要送醫
	家用中性清潔劑		5ml 以上應送醫
	廚房清潔劑		5ml 以上應送醫
	加漂白成分之廚房清潔劑		極少量也要送醫
化妝品	口紅	擦拭口腔、漱口	不必送醫
	化妝水	給予水或牛奶飲用，加以催吐	10ml 以上應送醫
	洗髮精	給予水或牛奶飲用，不可催吐	5ml 以上應送醫
	去光水	不可給予任何飲料，不可催吐	2ml 以上應送醫
香菸		不可給予任何飲料，加以催吐	2cm 以上應送醫
防蟲劑	樟腦丸	給予飲水，但不可催吐	極少量也要送醫
	萘丸	給予飲水，加以催吐	極少量也要送醫
鈕扣電池		什麼都不要做	立刻送醫

中暑、脫水的處置

平時少量多次補充水分很重要

(一)中暑的緊急處理

中暑的症狀

中暑是人體長時間待在高溫環境下引發的症狀。近年來，老年人待在室內中暑的案例時有所聞，這多半是因為高齡者對氣溫變化不敏感，又往往排斥使用冷氣空調的緣故。應善用冷氣和電風扇，讓室內維持在 28℃ 上下，以避免中暑的危險。

輕度 眩暈、痙攣
- 眩暈
- 眼前發黑
- 面潮紅
- 小腿抽筋　等等

中度 噁心、頭痛
- 噁心
- 輕微頭痛
- 肢體倦怠無力
- 疲憊感　　等等

重度 意識不清、休克
- 叫喚他也沒有反應
- 肢體顫抖、痙攣
- 無法直走　　等等

鬆開衣物、為身體降溫

一旦察覺中暑症狀，要先檢查有無意識；萬一沒有意識，要立刻叫救護車。如果仍有意識，要將年長者移到有冷氣空調的房間或是陰涼的樹蔭下，為他鬆開身上的衣物，甚至脫掉衣服，以便為身體散熱降溫。

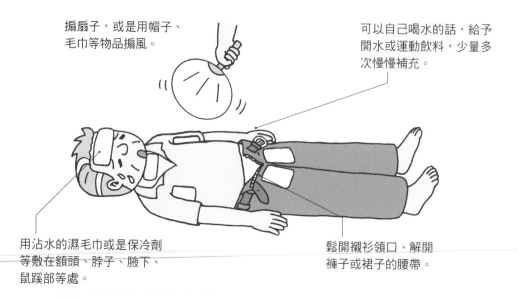

搧扇子，或是用帽子、毛巾等物品搧風。

可以自己喝水的話，給予開水或運動飲料，少量多次慢慢補充。

用沾水的濕毛巾或是保冷劑等敷在額頭、脖子、腋下、鼠蹊部等處。

鬆開襯衫領口、解開褲子或裙子的腰帶。

(二)脫水的緊急處理

脫水的症狀

人體大約 60％是水分，但是隨著年紀越大，含水量也越來越少，老年人大概只有 50％的含水量。又因為高齡者的口渴中樞反應比較遲鈍，不容易感覺渴，如果未能經常補充水分，很容易出現脫水症狀。脫水嚴重時，血液黏稠度升高，成為腦梗塞和心肌梗塞的危險誘因，所以要確實預防年長者脫水才好。

輕度 肌肉疼痛、痙攣
- 眩暈
- 眼前發黑
- 輕微肌肉痠痛
- 小腿抽筋　　等等

中度 噁心、頭痛
- 皮膚乾燥粗糙
- 眼窩凹陷
- 尿量減少　　等等

重度 痙攣
- 身體顫抖不停、痙攣
- 血壓降低
- 皮膚失去知覺　　等等

水分要少量多次補充

一旦出現脫水症狀，應比照中暑的緊急處理，先檢查有無意識。如果還有意識，要先給予飲水。而若是大量出汗，體內有可能已經流失鹽分，應給予運動飲料或經口補水液。

●可以自行喝水時
為求快速補給水分而大口牛飲，容易因為喝太急嗆到，水跑進氣管而引發劇咳，應小口慢飲才好。

●無法自行喝水時
意識不清，或是無法自己握住杯子時，就要趕緊連絡醫師看診，或是呼叫救護車。

- 補充分量大約 1 杯水（200 毫升左右）
- 溫度為常溫，或是 8~13ºC。
- 以經口補水液最理想，其他像是白開水、茶、運動飲料，或是果凍狀飲料、富含水分的水果都可以。

經口補水液

所謂經口補水液，是將人體所需的水分、鈉鹽、電解質等成分，按照均衡比例調製而成的液體，這幾年在藥局也買得到，可做為中暑、脫水時的緊急處置備品。

· 經口補水液的調製方法
開水 1 公升加 3 公克鹽巴（1/2小匙）、砂糖 40 公克（大湯匙 4又 1/2 匙），充分攪拌使其均勻溶解。

意外事故等的基本處置

仔細檢查傷勢，做出適當處置

(一)頭部受創的緊急處理

年長者腰腿無力，看似微不足道的日常小事都可能害他們跌倒，萬一不幸猛烈撞擊地板、樓梯、家具等，有可能造成重大傷害。特別是碰撞到頭部，還可造成腦出血。因此，事後即使自行完成緊急處理，身體看似沒有異狀，仍然必須盡快到醫院，請醫師詳細檢查。

確認事項
- [ ] 有無意識
- [ ] 有無呼吸
- [ ] 脈搏數
- [ ] 血壓
- [ ] 體溫等的檢查

沒有呼吸時，首先呼叫救護車，接著為年長者暢通呼吸道，並進行人工呼吸，等待救護車到來。

年長者如果失去意識，要稍微墊高他的頭部，檢查脈搏，並呼叫救護車。

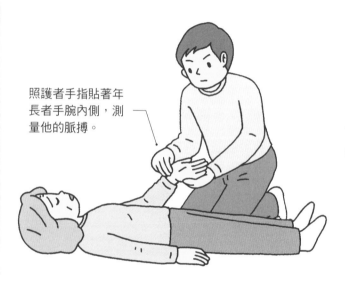

照護者手指貼著年長者手腕內側，測量他的脈搏。

(二)跌倒等疑似有骨折時

萬一跌倒爬不起來，首先應疑似大腿骨頸部，也就是髖關節骨折。

除了強烈疼痛、無法行走以外，還有血壓下降、冒冷汗、臉色發白等的休克症狀，應讓患者頭部放低保持安靜，並立即送醫院接受緊急治療。年長者容易骨折的部位請見右圖。

●容易骨折部位

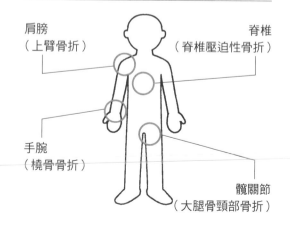

肩膀（上臂骨折）

脊椎（脊椎壓迫性骨折）

手腕（橈骨骨折）

髖關節（大腿骨頸部骨折）

㈢灼傷的緊急處理

　　年長者的皮膚比較薄，抵抗力也變差，即使是輕微的灼傷都可能重症化，灼傷的緊急處置，基本上就是冷卻患部。此外，長時間持續使用暖暖包或懷爐（手暖爐）等造成的低溫灼傷，紅腫疼痛比較不明顯，因此不易自覺，應該用流動的水或是冰敷袋、保冷袋等充分降溫，並接受醫師的診斷治療。

● **用流水為患部降溫**

打開水龍頭的水，讓流水直接沖洗患部。注意，流水開到普通流速即可，流水太強會刺激患部。

● **隔著衣服沖水**

熱水等淋在衣服上造成燙傷時，要隔著衣服沖水，以免刺激患部。

● **無法沖水時**

臉部或胸部等無法直接沖水的部位遭燙傷，可用冰敷袋、濕毛巾、保冷袋等冰敷降溫。

㈣出血的緊急處理

　　輕微的流血只需稍待片刻，人體本身的止血作用就能止住。但如果流血不止，或是出血量多，有可能是動脈出血，這時首先要呼叫救護車，並施以直接壓迫止血法的緊急處置。

直接壓迫止血法

以紗布或乾淨的布覆蓋傷口，在上面施以重壓止血法，至少持續壓迫4分鐘以上。

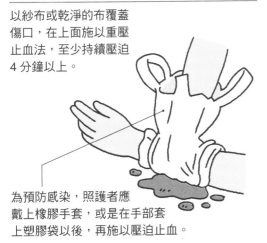

為預防感染，照護者應戴上橡膠手套，或是在手部套上塑膠袋以後，再施以壓迫止血。

如果是動脈出血，單手壓迫也無法止血時，就必須使用雙手壓迫。

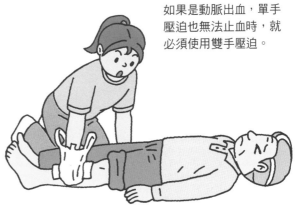

傳染、食物中毒的處置

平日就必須強化免疫力，防病於未然

（一）年長者應留意的傳染性疾病

傳染性疾病是病毒、細菌等的微生物侵入人體內而引起。老年人必須特別留意的傳染，是 MRSA（多重抗藥性金黃色葡萄球菌）引發的肺炎、腸炎、敗血症等。

因為媒體的報導，讓大家的關注焦點都集中在醫療院所內的感染，但其實近年來，MRSA 已經被帶進一般民眾家裡，因此切斷其傳染途徑很重要。

● MRSA（多重抗藥性金黃色葡萄球菌）等的傳染途徑

飛沫傳染
所謂飛沫，是漂浮在空氣中非常小的微粒。病菌隨著感染者的咳嗽或是噴嚏，飛散在空氣中，年長者吸入空氣而感染。

空氣傳染
沾附在棉被或床鋪等的細菌，清掃環境時到處飄散，年長者吸入口鼻而感染。

接觸傳染
病菌附著在感染者的身體、衣服、物品等，年長者的手碰觸以後，又用這隻手拿東西吃而感染。這也是最大宗的傳染途徑。

（二）傳染性疾病的預防對策

為防堵 MRSA 等的傳染，以下 3 項原則必須遵守，其中最有效的莫過於切斷傳染途徑。透過勤漱口、勤洗手，就可以相

當程度的預防細菌附著，希望大家都能養成這樣的好習慣。

● 預防傳染性疾病 3 原則

清除傳染源
一旦發現感染就要及早治療，消除傳染源。此外，平日要將消毒工作時常放在心上。

切斷傳染途徑
外出戴口罩，回家以後要漱口、洗手等，避免將傳染源帶進帶出、到處散播疾病。

提高免疫力
平日攝取營養均衡的膳食，保持適度睡眠、養成運動習慣。

(三)傳染性疾病與食物中毒的種類與處理方法

傳染性疾病一年四季都可能發生，不過冬天因為空氣乾燥，病菌容易四處飄浮，更增加傳染機會。近年來常見諾羅病毒引發的食物中毒，對於小病容易重症化的老年人尤其深具威脅性，必須留意。

此外，流行性感冒等雖然有預防接種的防治策略，但無法保證萬無一失。預防傳染性疾病，除了戴口罩以外，利用加濕器保持室內適當的濕度也很重要。

●傳染性疾病

肺炎

`原 因` 病毒或病菌進入肺部，導致發炎症狀。流感病毒或肺炎鏈球菌等細菌也可能引發肺炎。

`症 狀` 咳嗽、咳痰、發燒、全身倦怠、胸痛、呼吸困難等。

細菌性肺炎還可能引發胸膜炎、敗血症等合併症。

`處置法`
- 出現低燒、食慾不振、呼吸急促等症狀時要注意。
- 一旦感冒要盡早接受治療。
- 早期治療。
- 鼓勵接種肺炎鏈球菌預防疫苗。

流行性感冒

`原 因` 接觸到流感病毒感染者打噴嚏或咳嗽等的飛沫而感染。

`症 狀` 咳嗽、打噴嚏、喉嚨痛、流鼻水、發燒 38℃ 以上、頭痛、全身關節痠痛、肌肉疼痛、腹瀉、嘔吐等。

高齡者可能因而併發肺炎、支氣管炎導致死亡。

`處置法`
- 養成勤洗手、漱口、消毒的習慣。
- 到人多的地方必定戴口罩。
- 充分休息、攝取營養，以提升免疫力。
- 提前接受預防接種。

●食物中毒

諾羅病毒

`原 因` 因食用牡蠣等雙殼貝，連帶吃進裡面的病毒而感染，特別常發生在 12~3 月間。

`症 狀` 腹瀉、嘔吐、腹痛、連續發燒數日。體力不足的年長者要留意脫水症狀。

`處置法`
- 飯前便後仔細洗手。
- 飲食經過充分加熱後食用。感染者的嘔吐物要立刻清理乾淨，放進厚塑膠袋內丟棄。清理時必須臉戴口罩、手戴手套。

O-157 型大腸桿菌

`原 因` 食用了受到 O-157 型大腸桿菌污染的食物而感染。這些污染多半是來自 O-157 型大腸桿菌感染者的糞便等。

`症 狀` 持續劇烈的腹痛、腹瀉、血便等。毒素進入腎臟可能造成排尿困難，嚴重時甚至轉為尿毒症。

`處置法`
- 養成經常洗手、消毒的習慣。
- 餐具、烹調器具經常保持清潔。
- 食物應冷藏，不要任其腐敗。
- 食用冷凍食品時，充分加熱再食用。

手足顫抖、痙攣的處置

清楚分辨症狀，必要時接受醫師的診療

(一)突發性的手足顫抖

平日無預警的突然發作手足顫抖（震顫），一定會讓人憂心不已，懷疑「會不會是哪裡不正常」？事實上，有些震顫對健康無甚影響，有些卻事關重大，放著不管有可能造成致命危險。因此有必要了解引起震顫的原因，做出適當的處置。

●引起震抖的主要原因

病　名	內　容	處　置
本態性震顫	手足顫抖最常見的原因。每十萬人口大約就有一千人發生，年紀越大，越容易出現。確切發生原因至今仍不明，自律神經失調可視為原因之一。	若是已經影響到日常生活，就應該前往醫院接受師診療。
帕金森氏症	大腦黑質發生變性所引起的神經病變，為一種難治之症。初期症狀表現之一就是手足顫抖，而且顫抖的時機都在什麼事也沒做的時候，反而是專注手邊工作的時候就不抖，這也是此症的特徵。	應接受神經內科醫師診療。
中毒性震顫	酒精、香菸成癮，或是服用過量安眠藥、鎮定劑、降血壓劑等，引發中毒症狀。	戒除導致中毒的不良習慣與物質。
動脈硬化、腦梗塞	血管裡的小血栓阻塞腦部微血管，會引起暫時性的震顫。不久之後雖然看似恢復正常，但如果放任不處理，會有腦梗塞或腦中風的危險，因此要小心伴隨有眩暈、嘔吐的震顫。	立即接受腦外科醫師的診療。
甲狀腺功能障礙	因為橋本氏甲狀腺炎（譯註）或甲狀腺炎等的影響，導致甲狀腺荷爾蒙分泌增多，引起交感神經緊張而顫抖。如果出現頻脈（心搏過速）、易出汗、眼球突出等甲狀腺功能障礙症狀，即可判定原因。	接受新陳代謝科、內分泌科的醫師診療。

譯註：橋本氏甲狀腺炎又稱慢性淋巴球性甲狀腺炎，是一種導致甲狀腺腫的自體免疫疾病。

第13章●緊急狀況的處置

(二)突如其來的痙攣

　　所謂痙攣，是身體無法自主的抽動，可分為全身性痙攣和局部性痙攣，大多數發作時間只有幾分鐘，萬一發作後久久停不下來，就必須進行緊急診斷。

　　尤其是毫無預警的發作痙攣和意識不清，極有可能是腦部重度障礙，應立刻呼叫救護車。

●痙攣的主要症狀

- 突然失去意識，全身僵直，接著開始有規律的全身抽搐。
- 常會出現呼吸困難、臉色發青等的發紺症狀。
- 牙根緊咬、眼睛翻白。

- 有時會大小便失禁。
- 也可見嘔吐或口吐白沫的症狀。
- 痙攣時間一般大約持續 1~2 分鐘，再長也不超過 5 分鐘就會停止。而萬一痙攣時間太長，有引發呼吸困難的危險。

●痙攣的處置

- 鬆開衣服鈕扣，讓呼吸不受束縛。
- 分泌物或嘔吐物有可能造成窒息時，請參照右圖，為年長者就復甦姿勢(譯註)，讓臉部側臥，以確保呼吸道暢通。
- 發作時忽然倒下，身體常會受到強烈撞擊，因此要詳細為年長者檢查全身，尤其是確認頭部有無撞傷。
- 痙攣發作時，避免將筷子、手帕等塞入年長者口中，以免傷到舌頭和口腔，或是因此誤將舌頭向後推進咽喉，甚至是造成呼吸困難等。
- 不要叫喚對方名字或搖晃他，做出不必要的刺激，也不可硬要扳開他痙攣的身體。

遵循以上原則處置，並緊急送至醫療機關。

譯註：復甦姿勢（Recovery Position）適用在沒有外傷的病患，最主要目的是保持呼吸道通暢，預防異物吸入的危險。病人身體應側躺，每 30 分鐘換邊 1 次。

小叮嚀　請你這樣做⑬

不可過度執著安全原則
而傷害年長者

　　日本的電視新聞曾經報導，一些養護機構為了預防失智老人走失，而將他們綁在屋子裡，消息一出，輿論譁然。

　　照護現場根本不該有這樣的事情存在，然而照護者即使沒有不良意圖，卻有可能因為對年長者做出某些限制或制約，而讓他們心生不安，還是感到自由受限。例如，擔心年長者從床上掉下來，所以在床邊全部圍上柵欄，你認為如何呢？的確，這麼一來就不怕從床上跌落，但是對躺在床上的人，尤其是只能 24 小時臥床的年長者來說，放眼所見全都是圍欄，豈不是像坐牢一樣。

　　雖然說凡事都應該以安全為優先，但是也必須對年長者的感受多加體貼和設想才對。

第14章

照護者的自我照護

照護年長者的日子可長可短，有的一旦開始以後，便是日復一日，好像永遠看不到盡頭。而照護者本人如果感到身心俱疲，就難以奢望照護品質。本章將剖悉照護疲勞的原因，並說明消除壓力的方法。

重新評估照護的現況

重要的是「不獨攬」「不硬撐」

(一)照護的壓力檢測

以照護病人為生活重心的日子過久了，即便照護者本人並未自覺，事實上仍然累積了一身的精神和肉體壓力。壓力如未能獲得即時抒解，繼續扛著壓力照護下去，則不僅老人家難以獲得滿意的照顧，照護者也會感到苦不堪言。所以，哪怕只是對照護工作感覺「好像有點累」，都應該進行以下的自我壓力檢測。

> **自我壓力檢測表**
>
> ☐ 幾乎都是自己一個人包辦所有的照護工作
>
> ☐ 總是告訴自己，不撐下去不行
>
> ☐ 有煩惱也不知該找誰商量才好
>
> ☐ 不願讓陌生人進入家裡，所以照護工作只得自己來
>
> ☐ 身邊沒有人可以傾聽你在照護上的煩惱
>
> ☐ 對於如何減輕體力負擔的照護方法幾乎一無所知
>
> ☐ 完全以照護為重心的日子不知還要多久，令你感到焦慮不安
>
> ☐ 為了照護而走不開，幾乎沒有出遠門的機會
>
> ☐ 用在興趣嗜好或是與朋友連絡的時間越來越少
>
> ☐ 與孩子相處的親子時光幾乎都被照護工作剝奪殆盡
>
> ☐ 家人和家族都各於協助照護
>
> ☐ 周圍的人都不甚理解照護工作的價值

重度壓力
●符合 12 ～ 9 項
你把所有的差事都攬在自己身上，如今已經疲累不堪，處在極高壓狀態。再這樣下去，憂鬱症會找上門。請重新檢視你的照護現況，立刻改變環境。

中度壓力
●符合 8 ～ 4 項
你累積了相當程度的疲勞壓力，因此必須每天給自己一段暫時離開照護現場的放空時間，讓自己保有一點轉換心情的從容。

輕度壓力
●符合 3 ～ 0 項
雖然多少有些壓力，但是你懂得妥善處理，並兼顧照護工作。儘管如此，還是要不時回過頭來檢視自己，確認是否累積壓力而不自知。

第14章 ● 照護者的自我照護

(二)照護的狀況是可以改變的

在左頁的自我壓力檢測中，結果為「重度壓力」的人，有必要立刻重新檢視自己的照護現況。雖然說改變環境可能並非一時半刻就能夠做到，但至少可以跨出承認壓力、面對壓力、轉換心情的第一步。

①明確分辨能做到與不能做到的事

照護生活中，最必須要避免的，就是獨攬所有責任，自己全部一肩扛起。

請再次檢視左頁的自我壓力檢測表，釐清自己的壓力狀態，然後比照右側簡表，分別列出自己能做到與不能做到的事，以便客觀判斷自己目前的照護狀況。

能做到的事	不能做到的事
飲食如廁等日常生活的全面照護	自己出門上班時，老人家無人照護
陪伴在同一房間就寢	自己入睡後，老人家到處走動無人看顧
陪伴散步等的簡單運動	

②聯絡公部門的專責單位

將自己做不到的事委託給專家幫忙處理，這絕對不是放棄照護。分清楚自己能做到與不能做到的事，然後前往居住所在地的鄉鎮市政府機關專責單位、衛生所、社福機構等，積極尋求協助。

專家會根據實際情況研擬判斷，是該提出援助申請比較好，還是由家人自行照顧比較適當等，之後給予具體的建議和協助。

- 地方上的支援中心（照護相關的綜合諮詢）
- 社會福祉協議會（生活支援的相關諮詢）
- 衛生所（醫療保健的相關諮詢窗口）
- 國民健康保險團體聯合會
  （有關照護保險的陳情等諮詢，譯註）

譯註：這是日本各市町村聯合舉辦的公營組織，負責國民醫療保險的實施運作。

喘息照護服務

「respite」這個字有「喘息」「休息」「歇口氣」的意思。喘息照護服務（Respite Care Service）是短期接替居家看護的照護服務，以便給予居家照護者暫時離開照護現場的喘息機會。對老人家來說，未嘗不是轉換心情的好時機，大家也正好趁此空檔，客觀檢視現階段的居家看護有何利弊得失，是值得積極利用的服務。

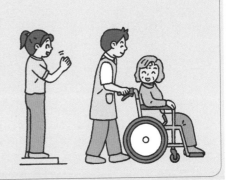

避免承受過度壓力的良方

照護當中也要維護自身心理的健康

(一)照護疲勞的原因

每天在家看護的日子久了，些微的事情都可能成為壓力。「這樣的日子到底還要持續多久？」、「天天都好累！」、「我這樣做真的對嗎？」煩惱如影隨形，疑團揮之不去。每個人對壓力的耐受程度不同，如果硬要逞強，可能損害身心健康。

會感到疲憊厭倦，是身心需要休息的信號。因此照護者要對自己的狀況保持自覺，才能夠掌握疲勞的原因。

沒有人可以分擔

如果有兄弟姊妹等親人，或許還可以協助分擔照護工作。萬一沒有這樣的人手，一個人獨自負擔就很沉重了。

不想讓外人知道家中有人需要照護

有的人也許不願讓外界知道自己家人必須接受照護，尤其是失智症的家屬更是如此。其實，別說是自家人照顧不來，即使是專家，要照顧失智老人也很吃力。

未能善用照護保險

照護保險是為了減輕個人的照護負擔而設立的保險制度，但是因為需要辦理申請手續，所以不少人未能善加利用。

心情總是鬱悶

開始照護老人家以後，基本上就沒有所謂的休息時間，如果不能有效為自己轉換心情，身心都會不斷累積壓力。

沒有懂自己的人可以吐苦水

身邊如果有同樣煩惱的人，能夠一起吐苦水、發牢騷，多少可以抒解一些壓力。否則，一個人無處宣洩心中的苦惱，壓力只會越來越大。

對自己的照護缺乏信心

有的人照護進行不順利，就會開始自我懷疑。然而，對自己苦苦相逼，也解決不了問題呀！

(二)照護疲勞的階段表現

對於照護過程中累積的壓力，身體首先會發出警告，這時候如果能夠採取有效措施，就可以減輕照護疲勞，否則疲勞日積月累，無論精神或肉體都會出現異常。無視於這些「警告信號」，照護者最終有可能無法勝任照護工作，而和老人家一起倒下。無論如何，一旦感覺自己不對勁，就要立刻前往醫療院所，試圖做出改善。

輕度　警告期

本人或許尚未自覺，但是身體已經出現沉重無力、肩頸僵硬、血壓不穩定等異常表現。此外，一點小事都能讓你感到煩躁，而且變得健忘、失誤不斷。

中度　抗拒期

雖然已經自覺到壓力沉重，但還不認為自己生病了，身心雙方面都對壓力做出反彈。精神上出現情緒在兩極之間擺盪的現象，時而極度高亢，時而虛脫無力。肉體上則有胃痛、心悸、血糖上升等症狀。

重度　疲憊期

此時如果再置之不理，將很可能惡化成為憂鬱症等精神疾病。特徵是身心同感疲憊不堪，失去專注力，做任何事都提不起勁，導致睡眠障礙、食慾不振、胃潰瘍等症狀也紛紛出籠。

●精神不疲勞的方法

不要自責

千萬不要一發生問題，就自責「是我不好」、「都怪我」，連和自己完全不相干的事也硬要算在自己頭上，這樣做完全無濟於事。

不要想太遠

沒憑沒據的事，經過想像力的渲染以後，自己嚇自己，對未來充滿悲觀負面的想法。這不是未雨綢繆的遠見，而是杞人憂天。

不要和別人比較

照護環境人人不同，老人家的健康狀況、家裡的經濟條件等等都不應拿來互相比較。比人家優越就沾沾自喜，比不過人家就灰心氣餒，這全都是不必要的情緒。

感到不痛快就離遠一點

雖然是一家人，也會有關係緊張、不想見面的時候。這時不妨找人暫時接手，或利用喘息看護等服務，先拉開彼此距離。

不要鑽牛角尖

「萬一……怎麼辦？」、「一定是……了！」老是往牛角尖裡鑽，只是徒然給自己製造緊張壓力。

捨棄完美主義

你如果是個事不論大小都不允許失敗的人，請趁早捨棄樣樣求好的完美主義。容忍一點失誤又何妨，不必要太計較成敗得失。

壞事不要小題大作

遇到不愉快的時候，反應過度只會節外生枝，干擾了解決問題的能力。雖然說滿不在乎的輕率態度容易出事，不過小題大作也不可取。

找人吐苦水

找人吐苦水，尋求別人的同理，對抒解壓力有很大的幫助。有必要找個無話不談的對象，偶爾向他發發牢騷。

壓力的預防與處置
不勉強的照護生活這樣過

(一)重新檢視自己的生活

　　不想累積壓力，就必須檢視自己現在的生活。照護者的生活，講求「營養均衡的飲食」、「良好的睡眠品質」、「適度的運動」這3大條件常保平衡。

　　早晨在一夜好眠後輕鬆醒來，然後愉快享用早餐；白天在整理家務和照護工作的空檔之間，進行適度運動；晚上沐浴後，全身舒爽的進入夢鄉……等，上述一一想像很簡單，全部做到卻很難，所以不必急於一時，只需按照自己的步調，從能力可及的範圍開始行動就好。

● 整頓生活規律的必要元素

良好的睡眠品質

人體在睡眠當中會分泌可放鬆身心、修復細胞的荷爾蒙，因此睡眠有消除疲勞、提升免疫力、抒解壓力等的作用。如果夜間睡眠充足，那麼第二天早上一覺醒來，不會有疲乏無力的倦怠感。

整頓生活規律的3大要素

營養均衡的飲食

身心疲憊的原因可能來自能量不足與疲勞物質累積。碳水化合物是大腦與肢體的主要能量來源，為了將碳水化合物轉化為可用的能量，需要加入維生素B群協助作用。而維生素C則有保護身體不受壓力傷害的功能。

適度的運動

平日有運動習慣的人，因為身體組織發達，壓力荷爾蒙不輕易分泌，所以對緊張壓力的耐受度高。也就是說，從事適度的運動可養成不易疲累的體質。

(二)預防壓力傷害，轉換心情最重要

　　不想被一天天的照護生活消磨殆盡的話，就要懂得消解壓力，旅行、逛街購物、飲食、運動等，只要是能夠讓自己轉換心情的活動，都是消除壓力的特效藥。趁著壓力還未累積到難以收拾之前，請為自己找到抒壓的特效藥吧！

來點奢華聚餐或旅行

　　利用喘息照護等服務，給自己一點自由活動時間，好好享受小旅行和朋友聚餐等快樂的活動。

不放棄興趣嗜好

　　為自己的興趣嗜好投入時間也很重要！全心投入興趣嗜好而渾然忘我，就可以達到抒壓和抗壓的功效。

接受整脊按摩

　　人一旦腰痛，就容易感到疲勞、渾身不舒服，所以有必要定期上整脊院、按摩院，消除筋骨的僵硬痠痛。

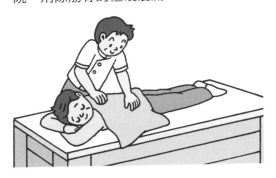

享受沐浴時刻

　　沐浴能促進血液循環，舒緩肌肉緊繃，達到放鬆身心緊張的作用。如果加入沐浴香氛等用品，還有芳香療癒的效果。

▍進修照護技巧與裝修住家環境，也能減輕壓力

　　照護工作倘若老是做不好，也會成為壓力的來源；反過來說，照護得心應手，自然可以減輕壓力。學習實用的照護技巧，並且在能力可負擔的範圍內整修住宅，讓居家的無障礙空間更便於照護，這些都可以有效減輕照護壓力。

不累積疲勞的照護

照護的品質來自照護者健康的身體

(一)照護世代的身體特徵

負責在家照護雙親的照護世代，多半年屆中高齡，這時候除了身體逐漸老化而容易疲勞之外，還可能出現生活習慣病或是更年期障礙等症狀。所以照護者本身也要懂得確實掌握自己的身體變化，努力維持自身的健康才好。

●生活習慣病的種類

糖尿病
血脂異常症（高脂血症）
高血壓、動脈硬化
腦血管疾病、骨質疏鬆症
新陳代謝症候群
牙周病等等

●更年期的症狀表現

女性
神經質、頭暈、情緒亢奮、疲勞、鬱鬱寡歡、便秘、不明疼痛、心搏過速、心悸、眩暈、記憶力和專注力減退、失眠、頭痛等等。

男性
神經質、疲勞、失眠、情緒亢奮、鬱鬱寡歡、頸背疼痛、頭痛、頭暈、心搏過速、心悸、記憶力和專注力減退、眩暈、便秘、不明疼痛等等。

(二)如何保持規律的生活

一旦開始了照護生活，難免有許多意料之外的狀況發生，打亂原本用餐、入浴、睡眠等的作息規律。如果三天兩頭狀況不斷，疲勞將揮之不去，健康每下愈況。無論如何，請至少守住「早晨起床→白天活動→夜晚睡眠」的基本作息規律。

●每天在同一時間起床

星期假日的早晨也要盡量比照週間，在同樣時間起床，起床後沐浴在晨光下，有助於設定體內的生理時鐘。

●輕度運動活絡身體

健走等的適度運動除了可以促進新陳代謝，對消除疲勞、抒解壓力也有效。

●午睡時間要短

15 分鐘就好……

短時間的午睡就有消除疲勞的效果，午睡一旦超過 30 分鐘，可能會影響夜晚難以入眠。

(三)攝取能抗壓的營養素

身體感受到壓力時,會自然產生防衛反應,而特別大量消耗某些營養素。所以必須在三餐飲食中積極攝取富含這些營養素的菜色,以補充不足,並藉此消除體內的壓力。

維生素B₁	• 活化因為壓力而受到抑制的腦內物質代謝機能。可以從豬肉、肝臟、鰻魚、柴魚片、糙米、黃綠色蔬菜等加以補充。	蛋白質	• 合成副腎皮質荷爾蒙時所需的酵素來源。可以從肉類、魚貝類、蛋類、乳製品、大豆等加以補充。
維生素C	• 能有助合成抗壓力的副腎皮質荷爾蒙。可以從花椰菜、小松菜、青椒、蓮藕、柑橘類等加以補充。	鎂、鈣	• 鈣可以抑制神經興奮、穩定情緒,鎂則有助於鈣質吸收。 **鈣**:牛奶、乳製品、小魚、海藻類等。 **鎂**:堅果類、納豆、糙米等。

(四)為一夜好眠預做準備

消除疲勞最有效的良方,莫過於好品質的睡眠。適當的睡眠時間因人而異,只要醒來的時候感到神清氣爽,就是好品質的睡眠。想一想,什麼樣的睡眠環境可以讓自己一夜好眠,第二天醒來疲憊全消,朝著這個方向去做就對了。

●就寢前關掉房間大燈

照明度偏低的安靜房間催人入眠;強光和噪音會刺激情緒高亢。

●泡溫水澡

40℃

泡溫水澡能促進副交感神經的作用,可有效放鬆身心。

●避免攝取咖啡因和抽菸

咖啡、香菸等會刺激神經,就寢前4小時就不該再使用。

不累積疲勞的照護

233

放鬆身體

利用照護空檔養成伸展肢體的習慣

　　照護的動作有時需要使出很大力氣，加上照護者如此日復一日的操勞，勢必累積了一身疲憊。睡眠和休息是消除疲勞絕對不可欠缺的要件，除此之外，透過適度的伸展肢體，放鬆緊繃僵硬的肌肉，對消除疲勞也有良好效果。以下介紹 5 種最簡便的伸展操，經常利用照護的空檔活動肢體，必能有所收穫。

(一)舒緩僵硬緊繃的伸展操

伸展肩頸

①雙腳打開與肩同寬，兩手臂向後高舉過頭。

②一隻手抓住另一隻手的手肘，向側面加壓。換邊，重複同樣動作。（以上做數回）

伸展手臂

①雙腳打開與肩同寬。兩手十指相扣，反掌，手心向外，手臂向前打直，動作停留約 5 秒鐘。

②打直的手臂慢慢收回胸前。（以上重複5~10回）

伸展腰部

①仰躺，雙手十指相扣，枕在腦後。

②左腿跨在右腿上，雙腿交疊。

③把交疊的雙腿緩緩倒向左側，貼地五秒鐘。換邊，重複同樣動作。（以上做數回）

腰痛的人請不要勉強做。

伸展體側

①雙腳打開與肩同寬，兩手在胸前十指相扣，反掌，手心向上，手臂緩緩向上打直。

②手心面向右側，身體也向右側彎。

③動作靜止5秒鐘以後，換邊，重複同樣動作。（以上重複5~10回）

伸展大腿後側

①雙腳打開與肩同寬，上身緩緩向前彎。

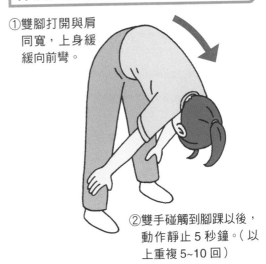

②雙手碰觸到腳踝以後，動作靜止5秒鐘。（以上重複5~10回）

請養成把握空檔時間，隨時隨地做伸展運動的習慣。此外，進行需要使勁的看護動作之前，先做伸展運動，也可以預防受傷。

(二)用健走保持體力

健走是最簡單的運動之一，不過健走可不是漫不經心的隨便晃晃，必須以正確的姿勢，邁開步伐去走。一般人如果拚快又走太久，身體必定吃不消，每週3天、1天20分鐘左右就足夠。

健走的速度只要比平時走路的速度稍快就可以，走到微出汗的程度剛剛好。要注意的是，健走前後記得都要補充水分。

收下巴，目光看向遠方。

與其說是擺動手臂，不如想像「將手肘反覆向後頂出去」更為貼切。

膝蓋微屈，而不是完全打直。

把意識放在「用足弓著地」。

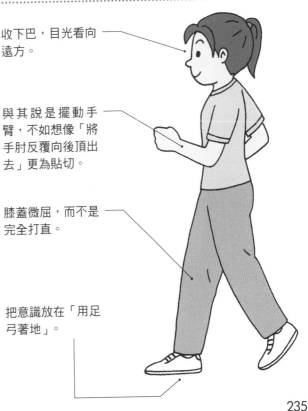

235

養成不易疲勞的體質

適度的肌力鍛鍊可預防腰痛

(一)以腰、腿、腹的肌肉鍛鍊為主

隨著身體的老化，肌肉量會逐漸減少，尤其人過 40 歲以後更加明顯。幸好，肌肉只要經常使用，就可以延緩衰退。請參考以下腰、腿、腹部肌肉的簡易鍛鍊方法，從自己能夠做到的次數開始練起。

鍛鍊腿部肌肉

簡單的說，就是背貼著牆面做深蹲。緩緩放低腰部，膝蓋彎曲 60 度左右，保持姿勢靜止 3~5 秒後，恢復站姿。(以上重複 5~10 回)

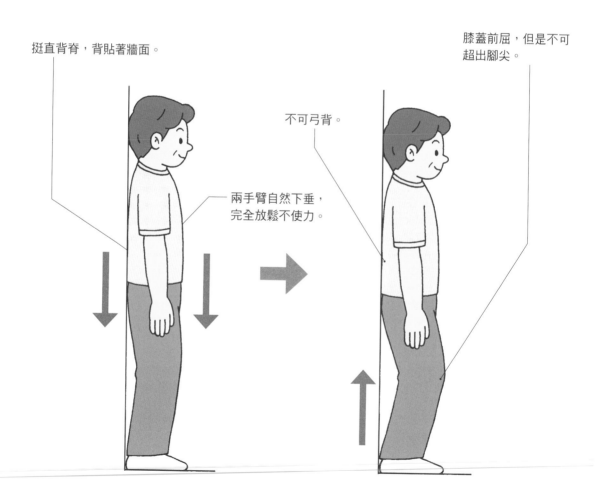

挺直背脊，背貼著牆面。

兩手臂自然下垂，完全放鬆不使力。

不可弓背。

膝蓋前屈，但是不可超出腳尖。

鍛鍊腹部肌肉

在地板上仰躺，雙膝緩緩舉起，貼近上半身。膝蓋彎曲角度大約來到 90 度時，停留 3~5 秒鐘，再緩緩恢復原來姿勢。（以上重複 3~5 回）

做腹肌運動很吃力的時候

仰躺，單腿伸直緩緩抬高，停留數秒以後放下。換腿，重複同樣動作。

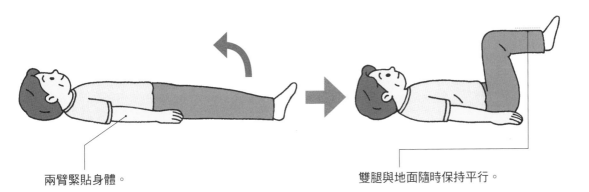

兩臂緊貼身體。

雙腿與地面隨時保持平行。

鍛鍊腰部肌肉

在地板上仰躺，雙膝彎曲 90 度。緩緩拱起腰部，直到與腹部、大腿成一直線。動作停留 3~5 秒，再緩緩恢復原來姿勢。（以上重複 3~5 回）

雙腳打開與肩同寬，雙膝彎曲 90 度。

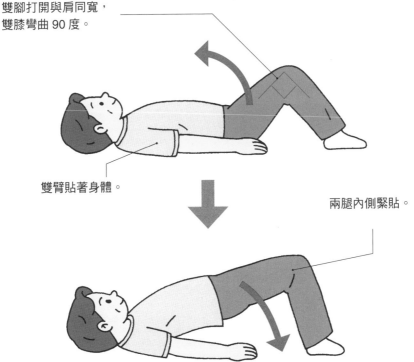

雙臂貼著身體。

兩腿內側緊貼。

避免可能干擾照顧
的穿著打扮

　　照護進行當中必須做出各種動作，因此照護者和年長者接觸時，應該穿著便於行動的服裝，並保持整潔的儀容。像是照護者指甲太長，或是戴著手表、戒指、項鍊、耳環等飾品，都有可能刮傷年長者，甚至是把長指甲或飾品上的雜菌帶給年長者，引發疾病傳染。

　　不但如此，照護者如果披散著長髮進行照護，頭髮有可能扎痛年長者，也可能掉進食物裡。至少應該把頭髮紮起來，避免不必要的不愉快。

　　至於服裝方面，穿著鑲鑽貼珠等裝飾華麗、設計繁複的服飾，可能會在照護過程中勾到家具等物品，或是誤踩到而受傷。總之，剪裁合身而便於活動的服裝是最適切的選擇。

附錄
長期照護服務申請流程

長照服務對象有那些？

經各縣市長期照顧管理中心評估，

符合長照需要等級 2 級以上者，並符合下列之一：

65 歲以上老人　　55 歲以上原住民　　失能身心障礙者　　50 歲以上失智症者

申請流程

1 申請長照服務

透過下列方式，都可以申請長照服務：

☑ 拿起電話直接撥打長照專線 1966　　☑ 聯絡當地長期照顧管理中心
☑ 住院期間聯絡出院準備銜接長照服務小組　　☑ 線上申請

2 到府評估

照管中心將派照管專員到府評估

3 擬計畫

依照長照需要等級給予不同額度

4 提供長照服務

按照評估結果提供服務

【圖解，一看就會做】居家照護全方位手冊（附真人示範影片 QR Code）

教你翻身・坐站起身・上下輪椅・步行・進食・入浴・如廁與緊急處置

作　　　者：米山淑子
中文版審
閱暨導讀：林金立
譯　　　者：胡慧文
美術設計：蔡靜玟
排　　　版：中原造像股份有限公司

選　　　書：莊佩璇
責任編輯：何　喬
社　　　長：洪美華

出　　　版：幸福綠光股份有限公司
地　　　址：台北市杭州南路一段 63 號 9 樓之一
電　　　話：(02)23925338
傳　　　真：(02)23925380
網　　　址：www.thirdnature.com.tw
E－mail：reader@thirdnature.com.tw
印　　　製：中原造像股份有限公司
初　　　版：2016 年 11 月
二　　　版：2023 年 7 月
郵撥帳號：50130123 幸福綠光股份有限公司
定　　　價：新台幣 750 元（平裝）

插　　　畫：Kyanminoru
編輯製作：BOOK PLANNING

國家圖書館出版品預行編目資料

【圖解，一看就會做】居家照護全方位手冊
(附真人示範影片 QR Code)：教你翻身・坐站
起身・上下輪椅・步行・進食・入浴・如廁
與緊急處置／米山淑子著；胡慧文譯 . -- 二版 .
-- 臺北市：新自然主義，幸福綠光，2023.07
面；　公分

ISBN 978-626-7254-10-3（平裝）

1. 居家照護服務　2. 長期照護

429.5　　　　　　　　　　　　　　112000368

CHO-ZUKAI YASAHII KAIGO NO KOTSU
Copyright © 2016 Asahi Shimbun Publications Inc.
All rights reserved.
Original Japanese edition published by Asahi Shimbun Publications Inc.
This Traditional Chinese language edition is published by arrangement with
Asahi Shimbun Publications Inc., Tokyo in care of Tuttle-Mori Agency, Inc., Tokyo
through Keio Cultural Enterprise Co., Ltd., New Taipei City

本書如有缺頁、破損、倒裝，請寄回更換。
ISBN 978-626-7254-10-3

總經銷：聯合發行股份有限公司
新北市新店區寶橋路 235 巷 6 弄 6 號 2 樓
電話：(02)29178022　傳真：(02)29156275

感謝協助拍攝示範影片：
社團法人臺灣長期照顧物理治療學會 物理治療師 蔡佩玲秘書長
康齡安健物理治療所 物理治療師 陳雅玲所長
純居家物理治療所 物理治療師 鍾詩偉所長

感謝提供拍攝場地：
開南中學 開南中學（照顧服務科長照醫事精英班）

感謝印尼語配音：
中央廣播電臺 陳柏莨、李珮菁、許秀玉、尤繼富、鄭蕙玲